Kulbir Singh Sandhu

Impacto dos parâmetros FSW nas propriedades mecânicas da liga Al-Mg-Si

Kulbir Singh Sandhu

Impacto dos parâmetros FSW nas propriedades mecânicas da liga Al-Mg-Si

ScienciaScripts

Imprint

Any brand names and product names mentioned in this book are subject to trademark, brand or patent protection and are trademarks or registered trademarks of their respective holders. The use of brand names, product names, common names, trade names, product descriptions etc. even without a particular marking in this work is in no way to be construed to mean that such names may be regarded as unrestricted in respect of trademark and brand protection legislation and could thus be used by anyone.

Cover image: www.ingimage.com

This book is a translation from the original published under ISBN 978-620-8-11933-1.

Publisher:
Sciencia Scripts
is a trademark of
Dodo Books Indian Ocean Ltd. and OmniScriptum S.R.L publishing group

120 High Road, East Finchley, London, N2 9ED, United Kingdom
Str. Armeneasca 28/1, office 1, Chisinau MD-2012, Republic of Moldova, Europe
Printed at: see last page
ISBN: 978-620-3-59307-5

Índice

RESUMO

As ligas de alumínio são amplamente utilizadas em automóveis, caminhos-de-ferro, indústria aeroespacial e estrutural devido ao seu peso leve, boa relação resistência/peso, resistência à corrosão e potencial de reciclagem. Para efeitos de fabrico, a união do alumínio é muito necessária. Devido à presença de uma fina camada de óxido, as técnicas de união convencionais não são muito úteis, uma vez que são susceptíveis a certos defeitos de soldadura, como porosidade e fissuras.

A soldadura por fricção (FSW) é um processo inovador de soldadura em fase sólida em que o metal a soldar não derrete durante a soldadura, pelo que a fissuração e a porosidade frequentemente associadas aos processos de soldadura por fusão são eliminadas. A FSW é uma tecnologia de fabrico avançada em que uma ferramenta rotativa não consumível cria uma junta de soldadura através de calor de fricção e deformação plástica a uma temperatura inferior ao ponto de fusão das ligas a unir. Está a ser amplamente utilizada na união de ligas de alumínio estruturais. O presente trabalho tem por objetivo estudar a influência da velocidade de rotação da ferramenta e da velocidade transversal na microestrutura e nas propriedades mecânicas da liga de alumínio-magnésio-silício (série 6xxx). A FSW foi efectuada a velocidades de rotação de 1200, 1400 e 1600 rpm e a velocidades transversais de 40, 66 e 132 mm/min com um diâmetro de ombro de 18 mm para fabricar as juntas. As propriedades mecânicas, como a resistência à tração e a dureza, foram determinadas. A radiografia de raios X foi efectuada para verificar os defeitos internos, como porosidade, vazios, etc., das juntas soldadas por fricção. Foram efectuados exames de XRD para observar a formação de compostos e fases durante a soldadura. A microscopia ótica e a microscopia eletrónica de varrimento (SEM) foram realizadas para estudar a microestrutura da liga de alumínio soldada e do metal de base. O valor mais elevado de resistência à tração é obtido na soldadura produzida com uma velocidade de rotação da ferramenta de 1600 rpm e uma velocidade transversal de 66 mm/min. Verifica-se que as propriedades de tração da soldadura dependem em grande medida da velocidade de rotação da ferramenta, uma vez que esta aumenta com o aumento das rpm da ferramenta até um determinado limite. O estudo revelou que a dureza é menor na zona de processamento por fricção (FSP) do que no material de base. O tamanho do grão na zona de processamento por fricção foi refinado com a ação de agitação da ferramenta.

Palavras-chave: Liga de alumínio, Soldadura por fricção, Propriedades mecânicas, Microestrutura.

NOMENCLATURA

Sr.No.	SYMBOL	Brief Description
1.	FSW	Friction Stir Welding
2.	TIG	Tungsten inert gas welding
3.	MIG	Metal Inert Gas welding
4.	S	Tool rotation speed
5.	RPM	Revolutions Per Minute

CAPÍTULO 1: INTRODUÇÃO

1.1 O alumínio e as suas ligas

O alumínio é um metal branco prateado com número atómico 13 e símbolo Al. É o metal mais abundante na crosta terrestre e o terceiro elemento mais abundante, depois do oxigénio e do silício. Pode ser preparado a partir da bauxite ou por eletrólise da alumina dissolvida num banho de criolite fundida. É possível obter comercialmente mais de 99,97% de alumínio puro. Os desenvolvimentos recentes abrangem a utilização do alumínio em peças fundidas, extrudidas, forjadas, folhas disponíveis sob a forma de placas, tubos, barras, varões, etc. Devido às suas excelentes propriedades, como leveza (a sua densidade é um terço da do ferro), ductilidade, boa condutividade eléctrica, condutividade térmica, bom refletor de luz, bom radiador de energia, não magnético, resistente ao ataque atmosférico, é utilizado em várias indústrias. A razão para as boas propriedades de corrosão é a fina película de óxido que se forma aquando da sua exposição ao ar e que o isola contra o ataque contínuo. Esta película de óxido é muito fina em espessura (menos de 0,02 mícron), mas é impermeável e altamente protetora. Quando aquecida, esta película aumenta de espessura. O seu ponto de fusão é de 650°C (Jain, 1999; Miller et al., 2000; Zander e Sandstrom, 2009).

As ligas de alumínio são as ligas em que os elementos de liga típicos são o cobre, o zinco, o manganês, o silício e o magnésio, embora o alumínio seja o metal de base. De acordo com a percentagem de elementos de liga, estas são classificadas em várias séries, ou seja, 1000, 2000, 3000, 4000, 5000, 6000, 7000, etc. (Zander e Sandstrom, 2009). Existem duas classificações principais, nomeadamente ligas de fundição e ligas forjadas, ambas subdivididas nas categorias tratáveis e não tratáveis termicamente (Miller et al., 2000). Cerca de 85% do alumínio é utilizado para produtos forjados, por exemplo, chapas laminadas, folhas e extrusões e a maioria das ligas de alumínio forjado tem excelentes caraterísticas de maquinagem, muito melhores do que o aço (Zander e Sandstrom, 2009). As ligas de alumínio fundido produzem produtos económicos devido ao baixo ponto de fusão, embora tenham geralmente menores resistências à tração do que as ligas forjadas. O sistema de ligas de alumínio fundido mais importante é o Al-Si, em que os elevados níveis de silício (4-13%) contribuem para dar boas caraterísticas de fundição. As ligas de alumínio têm elevada resistência estática e dinâmica específica, boa resistência à corrosão, maquinabilidade, soldabilidade, boa formabilidade, elevada relação resistência/peso, potencial de reciclagem, baixa densidade, excelentes propriedades de absorção de energia, boa ductilidade, baixo ponto de fusão, propriedades criogénicas satisfatórias e natureza não magnética (Barnes e Pashby, 2000; Ema e Sasabe, 2004; Singh e Arora, 2010; Lakshminarayanan et al, 2009; Elangovan e Balasubramanian, 2008A; Ghosh et al., 2010).

As ligas Al-Mg-Si (6000) contêm silício e magnésio em proporções aproximadas para formar siliceto de magnésio, tornando-as assim tratáveis termicamente. As ligas de magnésio-silício (contendo um composto de siliceto de magnésio) possuem boa formabilidade, maquinabilidade e resistência à corrosão, com uma resistência média (Zander e Sandstrom, 2009). As ligas deste grupo tratável termicamente podem ser formadas na têmpera T4 (tratadas termicamente em solução, mas não envelhecidas artificialmente) e, em seguida, atingir propriedades T6 completas por envelhecimento artificial.

1.1.1. Soldabilidade

Durante o fabrico de peças automóveis e aeroespaciais, a soldadura de ligas Al-Mg-Si (6xxx) é frequentemente necessária (Ema e Sasabe, 2004). A série 6xxx é facilmente soldável, o que a torna um material estrutural promissor (Elangovan e Balasubramanian, 2008A). Os processos de soldadura mais utilizados para soldar este tipo de ligas são a soldadura com gás inerte de tungsténio (TIG), a soldadura com gás inerte metálico (MIG), a soldadura com feixe laser (LBW) e a soldadura por fricção (FSW) (Barnes e Pashby, 2000; Ema e Sasabe, 2004). A mudança combinada do material e da construção básica da estrutura da carroçaria apresenta um desafio significativo no que respeita aos métodos de união a utilizar no fabrico de carroçarias de automóveis. Questões como os custos de capital e operacionais, o tempo de ciclo, a fiabilidade e a qualidade são apenas algumas das muitas questões que devem ser consideradas, em conjunto com cada uma de uma vasta gama de potenciais técnicas de união disponíveis para a indústria (Barnes e Pashby, 2000). As dificuldades técnicas mais significativas encontradas na tentativa de soldar o alumínio devem-se à sua camada de óxido estável, uma vez que, no caso da soldadura em estado líquido, é suscetível de fissuração da soldadura em resultado da formação de película de contorno de grão. A soldadura por fricção contorna com sucesso estes problemas, uma vez que produz soldaduras no estado sólido (as películas de contorno de grão formam-se apenas no estado líquido), e a ação de corte da ferramenta esmaga a camada de óxido estável e dispersa-a por toda a área de soldadura, minimizando quaisquer efeitos deletérios (Barnes e Pashby, 2000; Lakshminarayanan et al., 2009). A literatura revela que o processo mais económico e eficiente é a soldadura por fricção para soldar alumínio. As juntas soldadas por fricção da liga da série 6xxx apresentaram propriedades mecânicas superiores às das juntas TIG e MIG, o que se deve principalmente à formação de uma microestrutura equiaxial muito fina na zona de soldadura (Lakshminarayanan et al., 2009).

1.1.2. Aplicações

* Amplamente utilizado na indústria automóvel como painéis de carroçaria para diminuir o peso dos automóveis e torná-los eficientes em termos de combustível e, por conseguinte, amigos do ambiente (Miller et al., 2000).

* Estas ligas são utilizadas na construção de barcos e navios e noutras aplicações marítimas e em terra sensíveis à água salgada devido à sua boa resistência à corrosão.

* As ligas de alumínio são normalmente utilizadas em aeronaves e noutras estruturas aeroespaciais (Lakshminarayanan et al., 2009).

* Devido à sua boa formabilidade e resistência, são utilizados em comboios de alta velocidade.

* As ligas de alumínio têm a propriedade invulgar de permanecerem dúcteis e resistentes a cargas de choque a temperaturas extremamente baixas, pelo que são utilizadas como depósitos de combustível em foguetões e mísseis (Jain, 1999).

* Devido à presença de precipitados de Mg_2Si, a maquinabilidade é bastante boa (Zander e Sandstrom, 2009).

1.2. Soldadura por fricção

A soldadura por fricção (FSW) é um processo inovador de soldadura em estado sólido inventado em dezembro de 1991 por Wayne Thomas no The Welding Institute (TWI), Cambridge, Reino Unido (Singh e Arora, 2010). Foi considerado como uma das invenções mais significativas do processo de soldadura das últimas duas décadas. O FSW é um processo contínuo, de cisalhamento a quente e autogéneo que envolve uma ferramenta rotativa não consumível de material mais duro do que o material do substrato (Elangovan e Balasubramanian, 2008A). O FSW está a emergir como uma tecnologia alternativa adequada devido ao seu baixo custo, baixa distorção, fácil aplicabilidade, alta resistência da junta e altas velocidades de processamento. Foi demonstrado que produz juntas muito boas e sólidas, com boas propriedades mecânicas, isentas de defeitos como vazios, fissuras a quente e porosidade. Pode ser considerado como um processo de trabalho a quente no qual uma grande quantidade de deformação é transmitida à peça de trabalho através do calor de fricção do pino rotativo não consumível da ferramenta e do ombro. O pino é ligeiramente mais curto do que a espessura da peça de trabalho. A soldadura tem lugar no estado plástico e não ocorre qualquer fusão efectiva neste processo. Não há utilização de fluxo ou gás de proteção e material de enchimento (Singh e Arora, 2010).

A interação da ferramenta rotativa não consumível com as peças a soldar cria uma junta soldada através do aquecimento por fricção e da deformação plástica a temperaturas inferiores à temperatura de fusão das ligas a unir (McNelley et al., 2008). Com base no aquecimento por fricção nas superfícies frontais de duas placas a unir, uma ferramenta especial com uma sonda rotativa adequadamente concebida percorre o comprimento das placas metálicas em contacto, produzindo uma zona altamente deformada plasticamente através da ação de agitação associada (Cavaliere et al., 2008). As peças de trabalho são fixadas rigidamente e são suportadas por uma placa de apoio ou bigorna, que suporta a carga axial da ferramenta rotativa e restringe a deformação do material na parte de trás da junta (Hwang et al., 2008). A evolução da microestrutura e as propriedades mecânicas resultantes dependem fortemente da variação dos parâmetros do processo, conduzindo a uma vasta gama de desempenhos possíveis (Cavaliere et al., 2008). Um processo típico de soldadura por fricção é mostrado na Fig. 1.1.

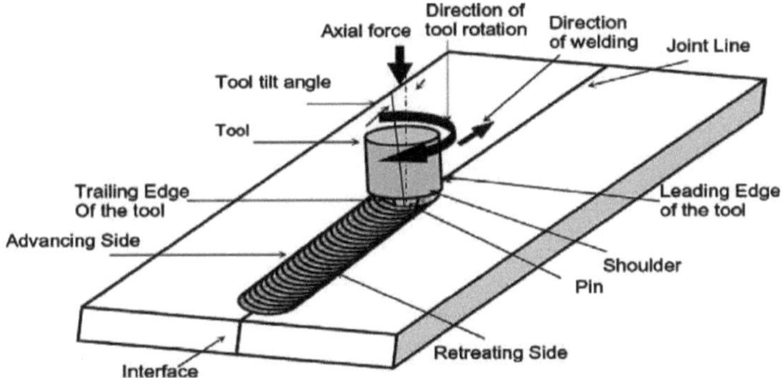

Fig. 1.1 - Configuração do processo de soldadura por fricção (Kumar et al.; 2008).

Durante a FSW, as temperaturas máximas podem atingir 0,6 a 0,9 da temperatura de fusão (McNelley et al., 2008). O movimento da ferramenta determina a geração de calor devido ao trabalho das forças de fricção e à deformação do material. A deformação plástica grave deve-se ao fluxo do material em torno da ferramenta em rotação e em avanço. O fluxo depende dos parâmetros de soldadura e do ângulo de inclinação (Cavaliere e Panella, 2008). Na verdade, na FSW a ação termomecânica do pino da ferramenta determina a quebra dos grãos para uma microestrutura caracterizada por grãos equiaxiais muito finos (Barcellona et al., 2006). O fluxo do material à frente do pino no lado do recuo é mais rápido, mas o fluxo atrás do pino no lado do recuo é mais lento. O material à frente do pino move-se para cima e o material atrás do pino move-se para baixo no FSW. O ombro desempenha um papel importante ao proporcionar um tratamento de fricção adicional, bem como ao impedir que o material plastificado escape da região da soldadura. O material plastificado é extrudido do lado da frente para o lado da retaguarda da ferramenta, mas é retido pelo ombro que se move ao longo da soldadura para produzir um acabamento superficial suave (Padmanaban e Balasubramanian, 2009).

Para realizar uma soldadura linear numa configuração de junta de topo, as peças de trabalho são posicionadas na placa de apoio com os bordos em contacto e a ferramenta roda a uma velocidade fixa (Fig. 1.2a). Para iniciar o processo, a ferramenta rotativa de soldadura por fricção é mergulhada na junta de soldadura com uma força axial até que o ombro da ferramenta entre em contacto com as superfícies superiores das peças de trabalho (Fig. 1.2b). O calor de fricção produzido pela rotação da ferramenta na peça de trabalho deforma plasticamente o material e a ação de agitação mistura o material das duas placas entre si. Em seguida, a ferramenta move-se na direção da frente (Fig. 1.2c). Depois de passar a ferramenta de rotação forçada nas placas adjacentes, a ferramenta é retirada das peças de trabalho (Fig. 1.2d). Finalmente, a soldadura é obtida e o pino da ferramenta deixa para trás um orifício que é designado por defeito de orifício de pino (Fig. 1.2e) (Barnes e Pashby, 2000).

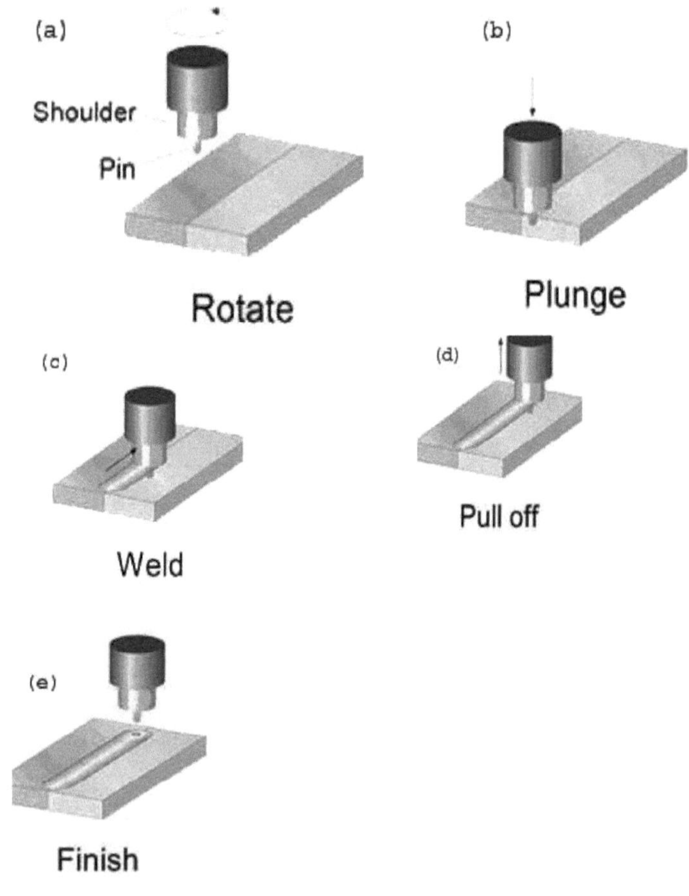

Fig. 1.2 - Funcionamento esquemático da soldadura por fricção (Adaowski e Szkodo, 2007).

A ferramenta não consumível é utilizada na soldadura por fricção para gerar calor de fricção nas superfícies adjacentes, tornando-se assim um componente muito importante do sistema (Elangovan e Balasubramanian, 2008A). A conceção da ferramenta é um fator crítico, uma vez que uma boa ferramenta pode melhorar tanto a qualidade da soldadura como a velocidade máxima de soldadura possível (Padmanaban e Balasubramanian, 2009). É desejável que o material da ferramenta seja suficientemente forte, resistente e durável a altas temperaturas de soldadura, uma vez que a soldadura é efectuada a cerca de 70-90% do ponto de fusão do material, pelo que é importante que o material da ferramenta tenha resistência suficiente a esta temperatura, caso contrário a ferramenta pode torcer-se e partir-se (Padmanaban e Balasubramanian, 2009). Além disso, deve ter uma boa resistência à oxidação e uma baixa condutividade térmica para minimizar a perda de calor. O aço para ferramentas trabalhado a quente provou ser perfeitamente aceitável para soldar ligas de alumínio com espessuras entre 0,5 e 50 mm, mas são necessários materiais de ferramentas mais avançados para materiais com elevado ponto de fusão, como o aço e o titânio (Singh e Arora, 2010). As ferramentas feitas de aço com elevado teor de carbono apresentam excelentes propriedades e proporcionam juntas sem defeitos na soldadura por fricção de ligas de alumínio e magnésio. A ferramenta é constituída por um ombro e uma sonda, também designada por pino da ferramenta. Além disso, a geometria da ferramenta desempenha um papel importante no fluxo do material. Podem ser utilizadas várias formas de ferramenta, como rosca cilíndrica, cilíndrica lisa, pino cónico, ombro côncavo e sondas do tipo espiral. A Fig. 1.3 mostra a geometria de uma ferramenta FSW simples (Elangovan e Balasubramanian, 2008A; Padmanaban e Balasubramanian, 2009; Singh e Arora, 2010).

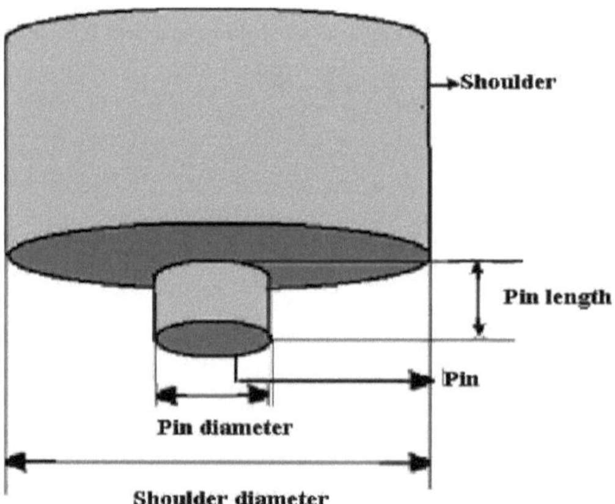

Fig. 1.3 - Geometria da ferramenta.

Está provado que uma fresadora mecanizada convencional pode ser utilizada para realizar soldadura por fricção (Zander e Sandstrom, 2009; Kumar e Kailas; 2008; Adamowski e Szkodo, 2007). As fresadoras verticais de alta potência têm sido experimentadas com sucesso para o processo FSW. No entanto, a máquina deve ter uma flexibilidade de controlo da rotação da ferramenta, controlo da velocidade transversal, a base ou a ferramenta podem ser inclinadas e capazes de fornecer o binário necessário a altas velocidades de rotação. É necessário um motor de alta potência com uma capacidade igual ou superior a 5HP, uma vez que, devido à força transversal axial e de atrito, o motor de baixa potência pode ficar encravado, provocando acidentes.

A fixação é uma das partes mais importantes da soldadura FSW, uma vez que as placas a soldar têm de ser fixadas rigidamente e colocadas numa placa de apoio plana. Como durante o processo de soldadura actuam forças elevadas sobre as peças de trabalho devido à velocidade de rotação da ferramenta, à força axial e à velocidade de deslocação da mesa. Assim, são concebidos tipos especiais de dispositivos de fixação de acordo com os requisitos (Barnes e Pashby, 2000; Singh e Arora, 2010).

1.2.1. Várias zonas da soldadura FSW

A natureza de estado sólido do processo FSW, combinada com a sua ferramenta invulgar e natureza assimétrica, resulta numa microestrutura altamente caraterística. Algumas regiões são comuns a todas as formas de soldadura, outras são únicas devido à ação de agitação desta técnica. Estas regiões são o metal de base não afetado, a zona afetada pelo calor (ZTA), a zona afetada termomecanicamente (ZTAM) e a zona de agitação ou de pepitas. A Fig. 1.4 mostra as várias regiões formadas numa junta soldada por fricção (Elangovan e Balasubramanian, 2008).

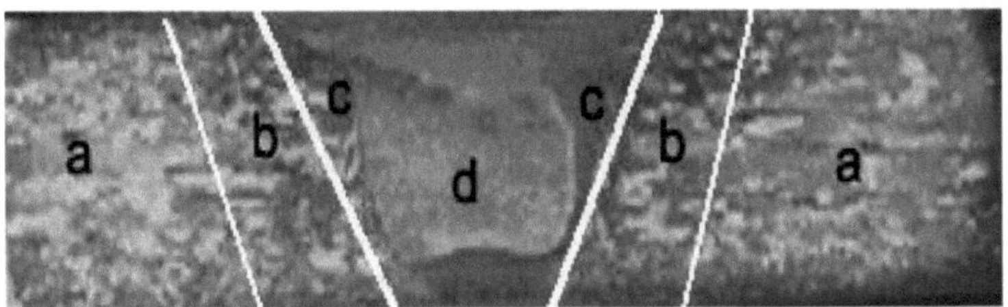

a = Unaffected Base Metal
b = Heat Affected Zone (HAZ)
c = Thermo-Mechanically Affected Zone (TMAZ)
d = Friction Stir Processed (FSP) Zone

Fig. 1.4 - Zonas da junta soldada por fricção (Elangovan e Balasubramanian, 2008).

- Material não afetado ou metal de base (a): Este é o material remoto da soldadura, que não foi deformado. Neste material não ocorrem alterações microestruturais ou de propriedades mecânicas (Hwang et al., 2008).

- Zona afetada pelo calor (ZTA) (b): É comum a todos os processos de soldadura. Como indicado pelo nome, esta região é sujeita a um ciclo térmico mas não é deformada durante a soldadura. As temperaturas são mais baixas do que as da zona termicamente afetada, mas podem ainda ter um efeito significativo se a microestrutura for termicamente instável. De facto, nas ligas de alumínio endurecidas por envelhecimento, esta região apresenta normalmente as propriedades mecânicas mais fracas devido à modificação da microestrutura (McNelley et al., 2008).

- Zona Termicamente Afetada (ZTAM) (c): Ocorre em ambos os lados da zona de agitação. Nesta região, a tensão e a temperatura são mais baixas e o efeito de

A soldadura na microestrutura é correspondentemente menor. Nesta região, o material sofre menores deformações, bem como uma temperatura de pico mais baixa (McNelley et al., 2008). Ao contrário da zona de agitação, a microestrutura é reconhecível como sendo a do material de origem, embora significativamente deformada e rodada. Embora o termo TMAZ se refira tecnicamente a toda a região deformada, é frequentemente utilizado para descrever qualquer região ainda não abrangida pelos termos zona de agitação e braço de fluxo (Singh e Arora, 2010).

- Zona de agitação (também conhecida como Nugget, Zona Dinamicamente Recristalizada) (d): Esta é a região onde o material se deforma significativamente, muitas vezes caracterizada por um padrão de distribuição de grãos que sugere cisalhamento e fluxo de material sobre a ferramenta rotativa (Barcellona et al., 2006). É uma região de material fortemente deformado que corresponde aproximadamente à localização do pino durante a soldadura. Os grãos na zona de agitação são aproximadamente equiaxiais e frequentemente uma ordem de grandeza mais pequena do que os grãos no material de origem. Uma caraterística única da zona de agitação é a ocorrência comum de vários anéis concêntricos que tem sido referida como uma estrutura de "anel de cebola" (Singh e Arora, 2010).

- Braço de fluxo: Encontra-se na superfície superior da soldadura e consiste em material que é arrastado pelo ombro do lado de recuo da soldadura, à volta da parte de trás da ferramenta, e depositado no lado de avanço. Uma caraterística única da zona de agitação é a ocorrência comum de vários anéis concêntricos, que tem sido referida como uma estrutura de "anel em forma de cebola", como mostra a Fig. 1.5. A origem exacta destes anéis não foi ainda firmemente estabelecida, embora tenham sido sugeridas variações na densidade do número de partículas, na dimensão do grão e na textura (Singh e Arora, 2010).

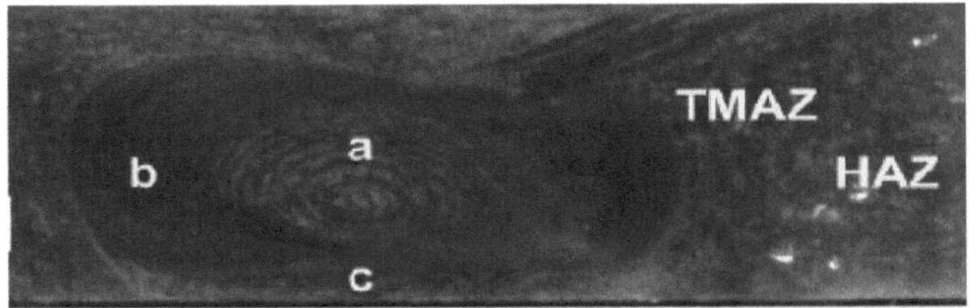

Fig. 1.5 - Estrutura em forma de anel de cebola na superfície superior.

1.2.2. Parâmetros de processo em FSW

Os principais parâmetros do processo são discutidos a seguir:

- Velocidade de soldadura: O termo "velocidade de soldadura" é preferível a velocidade de deslocação ou taxa de deslocação, que é a taxa de deslocação da ferramenta ao longo da linha de junta.

- Velocidade de rotação da ferramenta: É a velocidade de rotação da ferramenta de soldadura por fricção. A 'Rotação no sentido dos ponteiros do relógio' é quando vista do topo da ferramenta, olhando para baixo para a peça de trabalho.

- Ângulo de inclinação: Como a ferramenta pode, nalgumas circunstâncias, ser inclinada num pequeno ângulo, parte do ombro pode ser introduzida mais profundamente na peça de trabalho. O ângulo de inclinação é designado por "ângulo de inclinação" ou "ângulo de deslocação". Nalguns casos, a ferramenta é inclinada lateralmente e, neste caso, o ângulo é descrito como "ângulo de inclinação lateral" ou "ângulo de trabalho". A parte do ombro que sofre a maior penetração é designada por "calcanhar" e a profundidade máxima de penetração do ombro abaixo da superfície da peça de trabalho é definida como "profundidade de penetração do calcanhar". O lado da soldadura em que a direção local da ferramenta é a mesma que a direção de deslocação ou o lado da soldadura em que a direção é a mesma que a direção de rotação do ombro é designado por "lado de avanço". Do mesmo modo, o lado em que as direcções são opostas e o movimento local do ombro é contra a direção de deslocação ou o lado da soldadura em que a direção de deslocação é oposta à direção de rotação do ombro é designado por "lado de recuo". A área total da ferramenta na superfície da peça de trabalho é descrita como a 'pegada do ombro da ferramenta'. A inclinação da ferramenta de 2 a 4 graus, de modo a que a parte de trás do ombro fique mais baixa do que a parte da frente, ajuda o processo de forjamento e proporciona um bom acabamento superficial (Singh e Arora, 2010).

- Conceção/geometria da ferramenta: A conceção do ombro e do pino é muito importante para a qualidade da soldadura. O diâmetro do ombro, a forma do ombro, o diâmetro do pino e a forma do pino desempenham um papel significativo nas propriedades mecânicas da soldadura. Verificou-se que as juntas fabricadas pelas ferramentas com um diâmetro de ombro de 18 mm e um diâmetro de pino de 6 mm, ou seja, D/d=3, apresentaram maior resistência à tração e alongamento para ligas de alumínio. Também o perfil do pino da ferramenta com rosca cilíndrica mostra uma soldadura sólida (Elangovan e Balasubramanian, 2008A; Padmanaban e Balasubramanian, 2009).

1.2.3. Vantagens

- Sendo uma soldadura em estado sólido, muitos dos problemas associados à soldadura em fase líquida do alumínio são evitados. Além disso, a ação da soldadura e a plastificação do material a ser unido quebram efetivamente a camada de óxido da superfície do alumínio e dispersam-na por toda a soldadura, minimizando quaisquer efeitos deletérios. A integridade da soldadura é geralmente considerada boa, produzindo uma estrutura de grão fino sem grandes defeitos (Barnes e Pashby, 2000; Lakshminarayanan et al., 2009).
- O processo é relativamente barato no extremo, uma vez que uma fresadora existente pode ser adaptada para efetuar este processo (Barnes e Pashby, 2000).
- O aspeto da superfície do cordão de soldadura é geralmente excelente.
- O processo consome relativamente pouca energia e é essencialmente de baixa manutenção.
- O processo é capaz de unir materiais como o alumínio com uma espessura de 0,5 mm a 50 mm (Singh e Arora, 2010).
- A resistência à fadiga das juntas resultantes é considerada boa.
- Uma vez que a qualidade da soldadura é determinada pelo perfil da ferramenta de soldadura e pelas acções mecânicas pré-definidas da máquina, pode ser utilizada uma

simples monitorização durante o processo para terminar o processo se a ação da máquina se desviar das definições selecionadas.

- Não há fumos, nem radiações UV, nem salpicos e, por conseguinte, o processo é amigo do ambiente (Barnes e Pashby, 2000; Kumar e Kailas, 2008).
- Não são utilizados consumíveis, metal de adição ou gás de proteção na soldadura por fricção.
- É aplicável a materiais difíceis de soldar, como o alumínio e o magnésio (Singh e Arora, 2010).
- Foram efectuadas soldaduras sem defeitos com boas propriedades mecânicas em FSW de ligas de alumínio (Elangovan e Balasubramanian, 2008A).

1.2.4. Limitações

- O processo é relativamente lento em comparação com o da soldadura com feixe laser de alta densidade (Barnes e Pashby, 2000).

- As elevadas pressões envolvidas no processo significam que é necessária uma fixação rígida para garantir a precisão posicional (Singh e Arora, 2010).
- Como resultado do calor e das tensões residuais geradas pelo processo, é necessário um tratamento térmico pós-processo para restaurar algumas das propriedades originais do metal de base tratável termicamente na área da junta.
- É deixado um orifício de saída da ferramenta no ponto de início e de paragem da soldadura, que deve ser preenchido novamente após a soldadura/processamento por fricção (Barnes e Pashby, 2000).
- O processo não é aplicável em formas complexas.

1.2.5. Aplicações

- O processo é adotado para fabricar os depósitos de combustível utilizados nos programas espaciais.
- O processo é utilizado regularmente para a produção de material ferroviário em alumínio e para a construção naval em alumínio (Singh e Arora, 2010).
- O processo é adequado para o fabrico de estruturas em automóveis.

CAPÍTULO 2: PESQUISA BIBLIOGRÁFICA

2.1. Levantamento da literatura

A soldadura por fricção é uma tecnologia avançada de união em estado sólido muito utilizada na união de materiais difíceis de soldar, como as ligas de alumínio e magnésio. Foi efectuado um levantamento exaustivo da literatura para descobrir os parâmetros e condições críticos para obter as melhores propriedades mecânicas. O trabalho relatado por vários autores é discutido neste capítulo.

Barnes e Pashby (1998) discutiram várias técnicas de união de estruturas espaciais de alumínio utilizadas em automóveis. Foram discutidas as técnicas de soldadura por pontos por resistência, soldadura TIG, soldadura MIG, soldadura a laser, soldadura por fricção e soldadura por difusão. A partir do estudo, verificou-se que a dificuldade técnica significativa encontrada na soldadura do alumínio se deve à sua camada de óxido estável e, no caso da soldadura no estado líquido, é suscetível de fissuração da soldadura em resultado da formação de película de contorno de grão. Revelou que a soldadura por fricção contorna com êxito estes problemas, uma vez que produz soldaduras no estado sólido e a ação de soldadura esmaga a camada de óxido estável e dispersa-a por toda a área de soldadura. Concluiu-se que, embora a soldadura a laser de alta intensidade e a técnica de ligação por difusão tenham um custo de capital elevado, produzem soldaduras sólidas.

Miller et al. (2000) discutiram o recente desenvolvimento das ligas de alumínio para a indústria automóvel. A procura crescente de veículos mais eficientes em termos de combustível para reduzir o consumo de energia e a poluição atmosférica levou ao desenvolvimento das ligas de alumínio. Como o alumínio tem propriedades como uma elevada relação resistência/peso, boa formabilidade, boa resistência e potencial de reciclagem, está a substituir materiais mais pesados como o aço. Foi discutido que as ligas 6000 tratáveis termicamente são as preferidas para a aplicação em painéis exteriores.

Ema e Sasabe (2004) discutiram a resistência das juntas de ligas Al-Mg-Si para automóveis através de tecnologias de soldadura avançadas. Foi discutido o papel da soldadura por feixe de laser, da soldadura híbrida laser-MIG, da soldadura por fricção, da soldadura MIG em tandem, da soldadura com gás de inserção metálica e da soldadura com gás de inserção de tungsténio nas propriedades de tração da liga de alumínio a diferentes velocidades de soldadura. Concluiu-se que a resistência da junta é da ordem de LBW > L+MIG > FSW > T-MIG > MIG > TIG. A maior resistência da junta foi obtida através de LBW, embora a sua velocidade de soldadura fosse de 1,5 m/min, ou seja, inferior à de L+MIG e T-MIG. A posição da fratura foi na zona afetada pelo calor da soldadura. Embora a temperatura tenha sido mais elevada em MIG do que em LBW e FSW, a taxa de arrefecimento é baixa. Durante a soldadura FSW, foi atingida uma temperatura mais baixa, mas a ZTA é maior e, por conseguinte, o efeito térmico é maior do que no caso da soldadura LBW. Durante o tratamento térmico pós-soldadura, a dureza HV mais elevada é atingida na ZTA por aquecimento a 180° C durante 480 min. Foi também confirmado que a área amolecida por efeito térmico é facilmente recuperável por tratamento térmico pós-soldadura. Afirmou que, em termos de conveniência e custo, a soldadura a laser tem uma desvantagem, mas pode ter uma velocidade de soldadura elevada.

Ortiz e Shaw (2004) discutiram a análise de difração de raios X de uma liga de alumínio severamente deformada plasticamente. O tamanho dos cristalitos, a micro-deformação da rede, o parâmetro da rede e a formação de uma solução sólida de ligas de alumínio foram investigados. Foram utilizados pós elementares cristalinos para preparar uma liga à base de alumínio com uma composição nominal de $Al_9\ Fe_3\ Ti_2\ Cr_2$. Os tamanhos dos cristalitos foram determinados utilizando as fórmulas de Scherer. O alargamento do pico indica o refinamento do tamanho do grão.

Colegrove e Shercliff (2005) modelaram o modelo tridimensional CFB do escoamento em torno de um perfil de ferramenta de soldadura por fricção roscada. Foi utilizado um perfil de pino de ferramenta roscado para a análise e caraterísticas como o ângulo de inclinação da ferramenta, a geração de calor e o fluxo de calor. Foi utilizada uma ferramenta rotativa com o material a rodar sobre ela à velocidade de soldadura. Foram consideradas duas ligas de alumínio 5083 e 7075 T6 com parâmetros de soldadura de velocidade da ferramenta de 750, 500 e 250 rpm e velocidade de deslocação de 60, 90 e 120 mm/min. Foi analisado que a ferramenta sem rosca tinha uma força de deslocação inferior à da versão com rosca. Foi analisado que o material alinhado com a zona de deformação foi varrido em torno do lado de recuo do pino, a quantidade de material varrido em torno do pino aumentou em locais mais próximos do ombro.

Barcellona et al. (2006) estudaram os fenómenos microestruturais que ocorrem na soldadura por fricção de ligas de alumínio. Foi utilizada uma ferramenta cilíndrica com perfil de pino, com um diâmetro de 3 mm e um comprimento de 2,8 mm, a uma velocidade de rotação de 1040 rpm, um avanço de 104 mm/min e um ângulo de inclinação de 2^0 para soldar a liga AA2024 T4 e a liga AA7075 T6. Verificou-se que a resistência da junta correspondia a 60% da resistência à tração final do metal de base no caso da liga AA2024 e que a microdureza apresentava uma tendência uniforme após o tratamento térmico pós-soldadura, mas não se observou qualquer efeito nas propriedades de tração após o tratamento térmico para o estado T4. Foi investigado que há um declínio na microdureza do elemento da liga AA7075 T6 que se deve ao amolecimento do material pela ação térmica da soldadura. No entanto, foi obtido um valor médio de 75% da UTS do metal de base quando o tratamento T6 foi efectuado, o que melhora a resistência da junta de soldadura.

Adamowski e Szkodo (2007) discutiram a soldadura por fricção da liga de alumínio AW 6082-T6. A soldadura foi efectuada com uma velocidade de rotação da ferramenta de 230, 330, 460, 630, 880, 1230, 1300 rpm e uma velocidade transversal de 115, 170, 260, 390 e 585 mm/min numa placa de liga de 300 mm × 50 mm × 5 mm. O diâmetro do ombro era de 19 mm, o pino era um parafuso M6 e o comprimento do pino foi fixado em 4,8 mm. Foram efectuados ensaios de tração e de dureza. Observou-se que a maior velocidade de rotação da ferramenta e a maior velocidade transversal proporcionam uma resistência à tração superior.

Nowotnik et al. (2007) analisaram as partículas intermetálicas na liga de alumínio AlSi1MgMn. A morfologia e a composição da microestrutura complexa das fases intermetálicas foram estudadas. Foi observado que a liga no estado fundido é constituída por uma estrutura eutéctica complexa. Após a solidificação a uma taxa de arrefecimento de 2^0 C/min, a microestrutura no estado fundido incluía seis fases, nomeadamente α-Al, β- Al5FeSi, a-Al15(FeMn)3Si, Al Mn$_{93}$ Si, Mg$_2$ Si e Si. A fase β- Al$_5$ FeSi também foi observada como componente eutéctico ternário e quaternário.

Benyounis e Olabi (2008) analisaram diferentes processos de soldadura utilizando abordagens estatísticas e numéricas. Foram discutidas várias técnicas de otimização que incluem software de conceção de experiências e de análise. A revisão revela que a combinação de duas técnicas de otimização apresenta bons resultados para descobrir as condições de soldadura opcionais.

Cavaliere et al. (2008) estudaram o efeito dos parâmetros de soldadura nas propriedades mecânicas e microestruturais de juntas AA6082 produzidas por soldadura por fricção. A velocidade de rotação da ferramenta foi mantida constante a 1600 rpm e a velocidade de soldadura variou de 40 a 460 mm/min, os diâmetros dos ombros foram de 14 mm, os diâmetros dos pinos foram de 6 mm e 3,9 mm de comprimento para soldar facilmente por fricção a liga de alumínio AA6082 de 200 x 80 x 4 mm com estado temperado T6. As melhores propriedades de tração foram obtidas a uma velocidade de soldadura de 115mm/min, uma vez que permite a combinação entre trabalho a quente e recuperação dinâmica e a recristalização é opcional para as condições escolhidas. A resistência à tração diminui para além desta velocidade de soldadura, uma vez que o material amolece e fica sujeito ao crescimento do grão após a deformação. Concluiu-se que uma velocidade de avanço elevada e uma velocidade de rotação elevada conduzem a um bom material em falta mas a uma estrutura de grão não óptima. A taxa de deformação demasiado elevada que se exerce sobre o material durante a deformação, provoca um enfraquecimento da estrutura cristalizada, diminuindo assim a resistência à tração.

Cavaliere e Panella (2008) discutiram o efeito da posição da ferramenta nas propriedades de fadiga de chapas de alumínio dissimilares 2024-7075 unidas por soldadura por fricção. Duas chapas de ligas dissimilares 2024-T3 e 7075-T6 com 44 mm de espessura foram utilizadas para a soldadura por fricção. A soldadura foi efectuada a uma velocidade de rotação da ferramenta de 1600 rpm e a uma velocidade transversal de 1200 mm/min. A placa de liga 2024 foi colocada no lado de recuo. Foram utilizadas diferentes posições da ferramenta, em relação à linha de soldadura. Algumas juntas foram produzidas a uma distância de 0 mm em relação à linha de soldadura, enquanto outras juntas foram produzidas movendo a ferramenta 0,5 mm na direção do material posicionado no lado de avanço. Foi demonstrado que as propriedades mecânicas das soldaduras aumentam largamente com o aumento da distância da linha de soldadura até 1 mm, após o que se observa uma queda sensível com o aumento de mais parâmetros deste tipo.

Elangovan e Balasubramanian (2008A) analisaram a influência do diâmetro do ombro da ferramenta na formação da zona de processamento por fricção na liga de alumínio AA6061. Foram escolhidos cinco perfis diferentes de pinos de ferramenta, ou seja, cilíndrico reto, cilíndrico roscado, cilíndrico cónico, quadrado e triangular, para fabricar as juntas. Em cada perfil de cavilha foram fabricadas três ferramentas com três diâmetros de ombro (D), ou seja, 15 mm, 18 mm e 21 mm. Verificou-se que não existe qualquer defeito utilizando um diâmetro de ferramenta de 18 mm. Também as juntas fabricadas com a ferramenta perfilada de pino cilíndrico roscado, a ferramenta perfilada de pino quadrado e a ferramenta perfilada de pino triangular não apresentam defeitos. Foi analisado que a formação de uma zona de processamento por fricção sem defeitos é função do perfil do pino da ferramenta e do diâmetro do ombro, no entanto, foram demonstradas melhores propriedades de tração utilizando uma ferramenta com perfil de pino quadrado e uma ferramenta com perfil de pino cilíndrico roscado. Além disso, as juntas feitas com uma ferramenta com um diâmetro de ombro de 18 mm (D/d=3) apresentam uma maior resistência à tração do que as ferramentas com outro diâmetro de ombro. Foi analisado que o perfil do pino da ferramenta está associado ao fluxo de material plastificado e que o calor de fricção produzido pela utilização de uma ferramenta com perfil de pino quadrado é elevado. Concluiu-se que, se o diâmetro do ombro for grande, a geração de calor devido ao atrito será elevada devido à grande área de contacto do diâmetro da ferramenta. O diâmetro do ombro de 21 mm leva a uma maior área de contacto e resulta numa maior TMAZ e HAZ, enquanto que o diâmetro do ombro de 15 mm resulta numa menor geração de calor, pelo que o calor ideal foi gerado pelo diâmetro do ombro de 18 mm, o que proporciona uma maior resistência à tração.

Elangovan e Balasubramaniam (2008B) analisaram a influência do tratamento térmico pós-soldadura nas propriedades de tração de juntas de liga de alumínio AA6061 soldadas por fricção. As juntas soldadas foram agrupadas em quatro categorias diferentes, nomeadamente como soldadas (AW), juntas tratadas com solução (ST), juntas tratadas com solução e envelhecidas (STA) e juntas tratadas com solução envelhecida artificialmente (AG), a 530° C durante um período de imersão de 60 min. O tratamento de envelhecimento artificial (AG) foi efectuado a 160° C durante um período de imersão de 18 horas. Para o grupo STA, ambos os procedimentos de tratamento térmico acima referidos foram seguidos sequencialmente para obter o efeito combinado do tratamento térmico. Verificou-se que o tratamento AG proporcionou as melhores propriedades de tração entre os quatro tratamentos. A junta soldada da liga AA6061 produziu uma eficiência de junta de 66%. Este valor foi aumentado para uma eficiência de 77% pelo tratamento de envelhecimento artificial. No entanto, as juntas tratadas com solução apresentam a menor resistência à tração. Concluiu-se que a distribuição uniforme e o reforço mais fino dos precipitados de Mg_2 Si, o tamanho de grão mais pequeno, a ausência de zona livre de precipitados e a maior densidade de deslocação em comparação com outras juntas tratadas termicamente são as razões para as propriedades de tração superiores das ligas envelhecidas artificialmente (AG).

Hwang et al. (2008) estudaram a distribuição de temperatura dentro da peça de trabalho durante a soldadura por fricção de ligas de alumínio. A soldadura por fricção foi realizada numa placa de liga Al 6061 com dimensões de 40 x 20 x 3,1 mm. Foram consideradas duas velocidades de rotação da ferramenta, ou seja, 800 rpm e 920 rpm e, por conseguinte, duas velocidades de deslocação, ou seja, 20 mm/min, 30 mm/min e 60 mm/min. O diâmetro do ombro foi considerado como 12 mm, o diâmetro da cavilha como 3 mm e o comprimento da cavilha como 2,8 mm. Foi mantido um ângulo de inclinação de 1^0 para trás para a ferramenta de soldadura em relação à normal da peça de trabalho. Quatro pares térmicos foram colocados a uma distância de 6 mm da linha central e a 15 mm e 29 mm do início do impacto da ferramenta. Concluiu-se que a história térmica na direção da soldadura durante o processo de soldadura é bastante estável e que as temperaturas adequadas em torno da linha de junta para um processo de soldadura bem sucedido são de cerca de 365^0 C - 390^0 C. Observou-se que há uma diminuição da dureza em toda a zona de soldadura do que a do metal de base, uma vez que o material é T6 temperado e durante a soldadura as suas propriedades do estado T6 diferem devido à recristalização dinâmica. A resistência à tração também diminui devido às mesmas razões.

Kumar e Kailas (2008) estudaram o papel das cargas axiais e o efeito da posição da interface na resistência à tração de uma liga de alumínio soldada por fricção. A liga de alumínio 7020-T6 foi utilizada nas dimensões de 300 mm x 75 mm x 4,4 mm para soldar com o processo FSW, utilizando uma ferramenta chanfrada com um diâmetro de ombro de 20 mm, um diâmetro de pino de 6 mm na parte superior e 4 mm na parte inferior, a uma velocidade de rotação da ferramenta de 1400 rpm e uma velocidade de soldadura de 80 mm/min com um ângulo de inclinação de 2 graus a uma carga axial de 4, 4,6 e 8,1 KN, respetivamente. Foi observado que o tamanho do grão na pepita de solda aumenta quando a carga aumenta de 4 para 8,1 KN. A resistência máxima da soldadura produzida pela técnica de variação da carga axial é de 340 Mpa com uma qualidade de 7,3% a 8,8 KN.

Lakshaminarayanan e Balasubramanian (2008) utilizaram a técnica de taguchi para otimizar os parâmetros do processo de soldadura por fricção de ligas de alumínio RDE-40. Foram consideradas três velocidades de rotação da ferramenta de 1200, 1400 e 1600 rpm, três velocidades de deslocação de 22, 45 e 75 mm/min e uma força axial de 4, 6 e 8 KN. Optou-se por uma matriz L9 da técnica de Taguchi para soldar as juntas. Foi utilizado um perfil de pino de ferramenta cilíndrico roscado. Analisou-se que as menores propriedades de tração foram obtidas a S=1400 rpm, 45 mm/min de velocidade transversal e 8 KN de força axial. De acordo com o rácio S/n e analisando o efeito da velocidade de rotação, foi analisado que a velocidade tem uma contribuição de 41%, a velocidade transversal de 33% e a força axial tem uma contribuição de 21% para as propriedades de tração da junta soldada. Concluiu-se que os parâmetros óptimos de soldadura são 1400 rpm, 45 mm/min e 6 KN, respetivamente.

Mc Nelly et al. (2008) discutiram os mecanismos de recristalização durante a soldadura/processamento por fricção de ligas de alumínio. Foi observado que, durante a soldadura por fricção/processamento, o material flui num padrão complexo em torno da ferramenta de pinos, do lado do avanço (a velocidade tangencial de um ponto na superfície da ferramenta é paralela à direção de deslocação) para o lado do recuo (a velocidade tangencial de um ponto na superfície da ferramenta é anti paralela à direção de deslocação). O FSW/P revela quatro regiões distintas: primeiro, a pepita de solda /SZ compreende o material fortemente afetado pela rotação da ferramenta. De acordo com o estudo, os resultados da modelação indicam que o material nugget / SZ sofreu grandes deformações plásticas a taxas de deformação na gama de 10^1 - 10^2 -s^1 . Nesta zona, as temperaturas de pico podem ir até 0,6 a 0,95 da temperatura de fusão, dependendo da conceção da ferramenta, do material e das condições de funcionamento. A TMAZ é a zona onde o material sofre menos deformação e taxas de deformação, bem como temperaturas de pico mais baixas. Esta região é frequentemente caracterizada por um padrão de deslocação de grãos que sugere cisalhamento e fluxo de material em torno da ferramenta rotativa. Foi estudado que a recuperação dinâmica (DRV) ocorre prontamente durante o trabalho a quente de metais com elevada energia de falha de empilhamento, como o alumínio.

Scialpi et al. (2008) discutiram a análise mecânica de chapas ultrafinas unidas por soldadura por fricção com materiais dissimilares e similares. Duas chapas de ligas dissimilares 2024Al T3 e 6082Al T6 com 0,8 mm de espessura foram soldadas por fricção com uma sonda cilíndrica não roscada com 1,7 mm de diâmetro, 0,6 mm de altura e um ombro com 6 mm de diâmetro. Foram estudadas a microestrutura, as propriedades de tração e a dureza das juntas soldadas. A junta foi fabricada com uma velocidade de rotação da ferramenta de 1810, 2085 rpm e uma velocidade de deslocação de 460, 762 mm/min. Os resultados revelaram que a dureza média da zona da pepita foi significativamente inferior à dureza da liga de base. O ensaio de tração mostra que a falha ocorre na zona soldada e é causada por irregularidades na espessura e não pela presença de defeitos.

Jayaraman et al. (2009) estudaram a otimização dos parâmetros do processo de soldadura por fricção da liga de alumínio fundido A319 através do método de Taguchi. A velocidade de rotação da ferramenta de 1000, 1200 e 1400 rpm, a velocidade transversal de 22, 40 e 75 mm/min e uma carga vertical de 2, 3 e 4 KN foram utilizadas para soldar uma liga de alumínio de 6 mm de espessura. Foi analisada a liga soldada através da relação S/N e verificou-se que a 1200 rpm, 40 mm/min e com forças axiais de

4 KN foi obtida a resistência máxima à tração.

Lakshminarayanan et al. (2009) discutiram o efeito dos processos de soldadura nas propriedades de tração da junta de alumínio AA6061. Foram considerados três processos de soldadura, tais como a soldadura por arco com gás de inserção de tungsténio (TIG), a soldadura por arco com gás inerte metálico (MIG) e a soldadura por fricção (FSW). A soldadura FSW foi efectuada com uma ferramenta não consumível, enquanto a liga AA4043, sob a forma de fio, foi utilizada como material de enchimento nos processos de soldadura por arco. Verificou-se que a dureza era mais elevada na junta FSW do que na TIG e MIG, devido à tensão de corte induzida pela rotação da ferramenta, que leva à criação de uma estrutura de grão muito fino que permite uma recuperação parcial do valor da dureza. A resistência à tração das juntas FSW é superior à das juntas TIG e MIG devido à fratura de precipitados de reforço grosseiros em partículas muito finas distribuídas na zona de processamento de fricção Stir.

Moreira et al. (2009) discutiram a caraterização mecânica e metalúrgica da junta de soldadura por fricção da liga AA 60601 T6 com a liga AA6062 T6. Foi utilizada uma ferramenta côncava de pino roscado M5 7^0 com diâmetro de ombro de 17 mm. A velocidade de rotação da ferramenta de 1120 pm, a velocidade de deslocação de 224 mm/min e o ângulo de inclinação de $2,5^0$ foram selecionados como parâmetros de soldadura para soldar placas de 3 mm de espessura. Foi analisado que a junta dissimilar apresentava prosperidades intermédias, isto é, entre placas de liga de 6061 T6 + AA6082 T6. A dureza mais baixa foi encontrada na zona de agitação, o que se deveu à perda da condição T6. Verificou-se que as juntas dissimilares apresentam um comportamento intermédio. Estas juntas também apresentam o menor valor de alongamento e a sua tensão final é muito próxima da soldada AA6082-T6. A fratura ocorreu junto à linha de borda da soldadura, correspondendo à transição entre a zona termomecânica afetada e a zona afetada pelo calor e caracterizada pela menor dureza.

Padamanban e Balasubramanian (2009) discutiram a seleção do perfil do pino da ferramenta FSW, o diâmetro do ombro e o material para unir a liga de magnésio AZ3IB. Foram considerados cinco perfis diferentes de pinos de ferramenta, ou seja, cilíndrico reto, cilíndrico cónico, cilíndrico roscado, quadrado e triangular, com três diâmetros de ombro (15, 18 e 21 mm) para fabricar as juntas. Foram também considerados cinco materiais de ferramentas diferentes para a soldadura, ou seja, aço macio (MS), aço inoxidável (SS), aço blindado (AS), aço de alto carbono (HCS) e aço de alta velocidade (HSS). Os parâmetros de soldadura foram mantidos constantes, como a velocidade de rotação da ferramenta como 1600 rpm, a velocidade de soldadura como 0,67 mm/s, a força axial como 3 KN, o diâmetro e o comprimento do pino da ferramenta como 6 mm e 5,7 mm, respetivamente. Verificou-se que a ferramenta feita de HCS proporciona a maior resistência à tração. As juntas preparadas com uma ferramenta cilíndrica roscada proporcionam uma boa qualidade de soldadura e uma resistência à tração superior em comparação com as juntas preparadas com outros materiais de ferramentas. Além disso, concluiu-se que a dureza mais elevada foi alcançada utilizando uma ferramenta cilíndrica roscada e esta é uma das razões das melhores propriedades de tração. Observou-se que a ausência de defeitos na zona do nugget, a presença de grãos equiaxiais muito finos e a formação de um maior número de subgrãos na região do nugget são as principais razões para uma maior dureza e, subsequentemente, para as propriedades de tração superiores das juntas preparadas com a ferramenta cilíndrica roscada.

Rodrigues et al. (2009) estudaram a influência dos parâmetros de soldadura por fricção nas propriedades microestruturais e mecânicas de soldaduras finas de AA 6016 T4. A liga de alumínio AA6016 T4 de 1 mm de espessura foi selecionada para soldar com o processo FSW, utilizando duas geometrias diferentes de ombro de ferramenta, um ombro cónico e 10 mm de diâmetro e um ombro enrolado com 14 mm de diâmetro, a ferramenta foi utilizada a 1800 mm/ min e a ferramenta 2 foi utilizada a 1120 rpm e 180 mm/ min. Analisou-se que a soldadura produzida com a ferramenta 1 é uma soldadura a quente (HW) e a soldadura produzida com a ferramenta 2 é uma soldadura a frio (CW) devido à maior velocidade de rotação.

Zander et al. (2009) discutiram o modelo de propriedades tecnológicas da liga de alumínio. As propriedades tecnológicas analisadas foram a corrosão atmosférica, a soldabilidade e a maquinabilidade. A resistência à corrosão é devida à fina película de óxido sobre a liga. Foi analisado que a resistência à corrosão da liga de alumínio depende do teor de cobre, mas a liga 6xxx permite que esta tenha uma elevada resistência à corrosão, sendo apenas marginalmente influenciada pelas partículas de ferro e pelo teor de cobre. Relativamente à soldabilidade, o cobre reduz a fluidez e também a suscetibilidade à fissuração a quente, ambos efeitos que diminuem a soldabilidade. A maquinabilidade das ligas de alumínio é principalmente influenciada pela dureza e ductilidade. Elementos como o zircónio e o titânio, que são normalmente utilizados como refinadores de grão, aumentam a resistência à corrosão atmosférica e a soldabilidade. A dureza e elementos como o chumbo ou o bismuto aumentam a maquinabilidade. Uma condutividade térmica mais elevada é também benéfica, enquanto uma ductilidade elevada é prejudicial para a maquinabilidade.

Ghosh et al. (2010) discutiram a otimização dos parâmetros de soldadura por fricção para ligas de alumínio dissimilares. A soldadura por fricção foi efectuada com velocidades da ferramenta de 1000 rpm - 1400 rpm e velocidade de deslocação de 80-240 mm/min em ligas de alumínio dissimilares A3556 e 6061. As placas de ligas tinham o tamanho de 100 x 30 x 3 mm e foi utilizada uma ferramenta feita de HSS com um diâmetro de ombro de 15 mm, um diâmetro de pino de 5 mm, um comprimento de pino cilíndrico de 2,6 mm, uma carga axial de 5 KN e um ângulo de inclinação da ferramenta de 3^0 . Verificou-se que, a uma velocidade de rotação de 1000 rpm e a uma velocidade de deslocação de 80 mm/min, se alcançou a maior resistência à tração devido à pequena geração de calor, a taxa de arrefecimento reduzida à velocidade de deslocação mais lenta reduz as agitações residuais e, consequentemente, o grau de amargamento. A 1400 rpm e 240 mm/min, ou seja, a velocidade máxima de rotação e a velocidade de deslocação, a resistência à tração foi baixa devido ao elevado grau de cristalização de recuperação e a tensão residual também aumentou. O curto tempo de interação entre a ferramenta e a peça de trabalho cria dispersores de grandes dimensões. Todos estes fenómenos deterioram a qualidade da soldadura ao máximo e a resistência torna-se mínima em todas as juntas.

Singh e Arora (2010) discutiram o potencial e o futuro da soldadura por fricção. Foram discutidas as várias vantagens da soldadura por fricção em relação às técnicas de soldadura convencionais, tais como uma melhor resistência da soldadura, menores tensões residuais, redução de custos e maior facilidade de aplicação. Foi discutido que a

FSW pode ser aplicada a materiais difíceis de soldar como o alumínio, o magnésio e o titânio. Foi descrito o âmbito da FSW para aplicações industriais.

Singh et al. (2010) discutiram a modelação matemática dos parâmetros do processo de soldadura por fricção de ligas de alumínio. Placas comerciais de liga de alumínio com 6 mm de espessura foram soldadas por fricção com uma velocidade de rotação da ferramenta de 355 e 750 rpm e uma velocidade de deslocação de 80 e 130 mm/min. Para fabricar a junta, foi utilizada uma ferramenta não consumível feita de aço com alto teor de carbono e crómio, com um diâmetro de pino de 8 mm e 10 mm e um comprimento de pino de 5,8 mm. Foi desenvolvido um modelo matemático para prever a resistência à tração e a resistência ao impacto. Os ensaios de tração revelaram que a resistência à tração diminui com o aumento da velocidade de rotação da ferramenta, ao passo que aumenta com o aumento da velocidade de soldadura. A resistência ao impacto diminui com o aumento da velocidade de rotação da ferramenta.

Sundaram e Murugan (2010) discutiram o comportamento à tração de juntas soldadas por fricção dissimilares de ligas de alumínio. Foram selecionadas duas ligas diferentes, AA2024 e AA5083, para o processo de soldadura por fricção dissimilar. Foram selecionados cinco tipos diferentes de perfis de ferramentas: cilindro com ranhuras (CG), quadrado cónico (TS) e cilindro reto (SC). Os parâmetros de soldadura considerados são a velocidade de rotação da ferramenta de 800, 1000, 1200, 1400, e 1600 rpm, velocidade transversal de 40, 50, 60,70 e 80 mm/min com uma força axial descendente de 15, 20, 25, 30, 35 KN. Observou-se que a carne da junta com a ferramenta hexagonal cónica proporciona melhores propriedades de tração. A velocidade de rotação da ferramenta de 1200 rpm proporciona propriedades de tração superiores. Concluiu-se que o aumento da velocidade de rotação da ferramenta ou da velocidade de soldadura leva ao aumento da resistência à tração, que atinge um valor máximo e depois diminui. O aumento da força axial leva ao aumento da resistência à tração das juntas soldadas por fricção dissimilares.

2.2. Formulação do problema

As ligas de alumínio são amplamente utilizadas hoje em dia devido à sua baixa densidade, elevada relação resistência/peso, boas propriedades de corrosão, propriedades criogénicas, ductilidade e reciclabilidade. As ligas de alumínio avançadas são difíceis de soldar devido à formação de uma fina camada de óxido exposta à atmosfera. As técnicas convencionais de soldadura por fusão apresentam certos defeitos de soldadura nas ligas de alumínio, como porosidade e fissuras, devido à presença de uma camada fina no alumínio. Mas a soldadura avançada no estado sólido, como a soldadura por fricção, ultrapassa este problema porque a junção do material ocorre no estado plástico.

Assim, no presente trabalho foi feita uma tentativa experimental de analisar os parâmetros de soldadura para obter melhores propriedades mecânicas da liga Al-Mg-Si. Os resultados obtidos são discutidos através da realização de vários ensaios destrutivos e não destrutivos. A velocidade de rotação da ferramenta e a velocidade transversal foram consideradas como parâmetros efectivos, uma vez que estes parâmetros decidem o fluxo de material e a distribuição da temperatura na junta FSW, o que afecta as propriedades da soldadura.

2.3. Objetivo do estudo

Estudar o efeito da rotação da ferramenta e da velocidade transversal na microestrutura e nas propriedades mecânicas da liga Al-Mg-Si soldada por fricção.

CAPÍTULO 3: EXPERIMENTAÇÃO E ENSAIOS

3.1.   Material da peça de trabalho

Como material de trabalho foi utilizada uma chapa de liga l-Mg-Si (série 6xxx) de 6 mm de espessura no estado temperado T6. Esta liga é amplamente utilizada na indústria automóvel, estrutural, marítima e aeroespacial devido à sua elevada relação resistência/peso e boa resistência à corrosão. As amostras de ligas de alumínio foram cortadas numa serra eléctrica e depois maquinadas numa fresadora convencional com as dimensões pretendidas de 100 mm x 50 mm x 6 mm. A composição química da liga foi verificada num espetrómetro de descarga de globo (marca: Lico, EUA). A composição química da peça de trabalho é apresentada na Tabela 3.1.

Tabela 3.1 - Composição química da peça (% em peso).

Al	Si	Mg	Mn	Cu	Cr	Fe	Ti
Balance	0.6	0.65	0.021	0.03	0.003	0.259	0.003

3.2. Trabalho de experimentação

Um par de peças de trabalho foi limpo com uma escova de arame e acetona para remover a camada de óxido e outros materiais oleosos. Em seguida, estas foram fixadas rigidamente no dispositivo de fixação. Para efetuar a experimentação, foi utilizada uma placa de aço macio especialmente concebida com uma espessura de 15 mm. A placa de fixação é cortada a partir de uma chapa de aço macio de 15 mm de espessura, com uma dimensão de 300 mm x 300 mm. A placa de M.S. foi lixada numa rebarbadora de superfícies para obter uma superfície plana. Isto foi feito para distribuir uma pressão uniforme sobre os espécimes fixados, uma vez que existem grandes forças a atuar sobre a peça de trabalho devido à rotação da ferramenta, à força axial e ao movimento linear da cama. Os dois lados do dispositivo de fixação foram fixados com placas de 5 mm de espessura soldadas a 90^0 uma à outra para alinhar corretamente as peças de trabalho. Foram utilizados quatro grampos nos dois lados opostos das placas fixas e foi fixado um parafuso com porca para que não houvesse vibração e deslocação durante a soldadura. Foram feitas quatro ranhuras na placa de fixação para a aparafusar mecanicamente nas ranhuras em T da base da fresadora CNC. O dispositivo de fixação é mostrado na Fig.3.1.

O processo de soldadura por fricção foi realizado numa fresadora CNC vertical. Foi preparada uma configuração de junta de topo quadrada para fabricar a junta FSW. A junta inicial

Fig. 3.1 - Dispositivo de soldadura.

A configuração da máquina foi obtida fixando as placas na sua posição utilizando grampos mecânicos no dispositivo de fixação que foi aparafusado à base da máquina. O suporte da ferramenta e o movimento da mesa são controlados hidraulicamente. A cama pode ser alimentada automaticamente em todas as direcções (ou seja, X, Y, Z). A ferramenta pode ser inclinada de 0° a 15° em relação à base da máquina, esta flexibilidade é uma vantagem, uma vez que podemos alterar o ângulo de soldadura. A máquina utilizada para a soldadura FSW está colocada no departamento de precisão da Central Tool Room, Ludhiana, e é mostrada na Fig. 3.2 e as especificações da máquina utilizada para a soldadura FSW são apresentadas na Tabela 3.2.

Tabela 3.2 - Especificação da máquina.

Make	Deckel, Germany
Model	FP-5
RPM of tool	18 rpm-6300 rpm
Speed of bed	2 – 6000mm/min
Power of motor	10KW
Max. load	700 Kg
Table size	1000 mm x 550 mm
XYZ movement	710 mm x 600 mm x 445 mm

Fig. 3.2- Máquina de fresagem CNC vertical.

Foi utilizada uma ferramenta rotativa não consumível especialmente concebida em aço de alto carbono para fabricar a junta, como se mostra na Fig. 3.3, e o perfil da cavilha roscada cilíndrica da ferramenta foi feito numa máquina de torno convencional. A dureza da ferramenta era de 30 HRC. Foi constatado num estudo recente que, após várias experiências, a ferramenta fica deformada, pelo que foi necessário endurecer o material da ferramenta para aumentar a sua vida útil. Após a maquinagem, a ferramenta foi tratada termicamente numa mufla a 900° C durante 3 horas e, em seguida, foi imediatamente temperada com óleo de têmpera meta de viscosidade média (Marca: Servo). Após o tratamento térmico, a dureza obtida foi de 63 HRC. De seguida, foi temperado a 285C durante duas horas e meia para obter uma dureza de 60 HRC. O tratamento térmico foi efectuado para diminuir a taxa de desgaste da ferramenta. A composição química do material da ferramenta é apresentada na Tabela 3.3. A especificação da ferramenta é apresentada na Tabela 3.4.

Tabela 3.3 - Composição química do material da ferramenta.

C	Si	Mn	Fe
0.75	0.25	0.32	Bal.

Tabela 3.4 - Especificação da ferramenta.

Tool length	90 mm
Tool diameter	18 mm
Pin diameter	6 mm
Pin length	5.7 mm
Pitch of thread	1.5 mm
Angle	60^0
Tool till angle	3^0

Fig. 3.3 - Ferramenta utilizada para FSW.

A ferramenta, fixada numa pinça, foi montada hidraulicamente no eixo vertical da fresadora CNC. A ferramenta foi inclinada num ângulo de 3° em relação à peça de trabalho fixada com a ajuda de um dispositivo de fixação na base da fresadora CNC. A parte de trás da ferramenta é mais baixa do que a parte da frente, uma vez que a parte de trás dá uma ação de forjamento, de modo que as forças podem ser aplicadas pela parte de trás da ferramenta. Em seguida, a ferramenta rotativa foi levada a mergulhar na configuração da junta de topo quadrada com uma força axial descendente. A ferramenta é rodada à medida que a cavilha é forçada para um local numa superfície até que o ombro entre na peça de trabalho. Quando a cavilha tiver penetrado completamente e o ombro tocar na peça de trabalho, a ferramenta pode ser deslocada ao longo das arestas adjacentes para realizar a soldadura de peças separadas. A direção da soldadura é normal à direção de laminagem. Foi utilizado um procedimento de soldadura de passe único para fabricar a junta. A cama foi alimentada automaticamente e a força axial foi mantida constante. As peças foram soldadas a topo devido ao calor de fricção da ferramenta no estado plástico. Assim, foram realizadas várias experiências conforme descrito na matriz de projeto.

3.3. Gráfico de experiências

A velocidade de rotação da ferramenta, a velocidade transversal e a geometria da ferramenta foram identificadas como parâmetros críticos de soldadura. Assim, estes três parâmetros foram considerados. Mas verificou-se na literatura anterior que o diâmetro do ombro da ferramenta de 18 mm proporciona propriedades de tração superiores, pelo que o diâmetro do ombro da ferramenta de 18 mm foi mantido constante. Por outro lado, a velocidade de rotação e a velocidade de deslocação da ferramenta variaram de acordo com o gráfico experimental (Tabela 3.5). Depois de selecionar os parâmetros, foram considerados três níveis.

Tabela 3.5 - Gráfico experimental.

Sr. no.	Tool Rotation Speed(rpm)	Transverse Speed(mm/min)
1.	1200	40
2.	1200	66
3.	1200	132
4.	1400	40
5.	1400	66
6.	1400	132
7.	1600	40
8.	1600	66
9.	1600	132

3.4. Ensaios

Os espécimes soldados foram depois analisados através de vários ensaios não destrutivos e destrutivos. A macroestrutura e a microestrutura foram analisadas. A radiografia de raios X, a porosidade e a dureza foram analisadas. Foi observado o efeito dos parâmetros de soldadura na resistência à tração.

3.4 .1. Preparação das amostras de ensaio

Após a soldadura, as peças foram retiradas e cortadas com uma serra eléctrica nas dimensões necessárias para o ensaio de tração, o ensaio de dureza e os ensaios metalográficos. As partes exteriores de 15 mm foram descartadas de ambos os lados, como se mostra na Fig. 3.4. Para a metalografia, os espécimes foram recolhidos da parte central das soldaduras para garantir uma representação fiel das caraterísticas da soldadura. Os espécimes foram cortados em tamanhos adequados. As secções superior e transversal das juntas de soldadura foram polidas utilizando uma sequência de grãos de 400, 600, 800, 1000, 1500 e 2000, seguindo o procedimento metalográfico padrão. Em seguida, as amostras foram polidas com pasta de diamante de tamanho médio micrónico num pano de polimento (veludo) numa máquina de polir discos, obtendo-se assim uma imagem espelhada. Em seguida, as amostras polidas foram gravadas com o reagente de Keller para revelar a estrutura do grão.

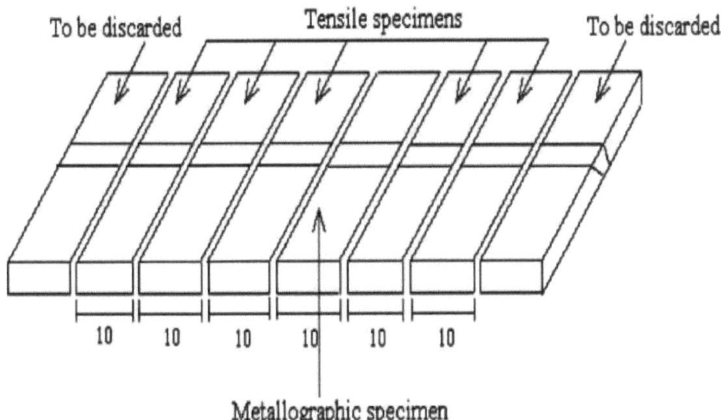

Fig. 3.4 - Diagrama esquemático mostrando a partir de onde os espécimes foram maquinados.

3.4.2. Análise da microestrutura

O efeito dos parâmetros de soldadura no topo, na zona de agitação e na ZTA foi analisado no laboratório metalográfico, departamento de materiais e ciências metalúrgicas, IIT Roorkee e IAHT, Ludhiana.

3.4.3. Ensaio de dureza

As amostras para o ensaio de dureza foram as mesmas que as utilizadas no microscópio ótico. O aparelho de microdureza Vickers (Omnitech, Pune) foi utilizado para verificar a dureza do topo e da secção transversal da soldadura. O ensaio foi efectuado com uma carga de 100 gms durante 10 segundos no laboratório de robótica, departamento de engenharia mecânica, NIT Jalandhar.

3.4.4. Radiografia de raios X

Foi efectuada uma radiografia de raios X para verificar os defeitos internos da soldadura. Este trabalho foi efectuado no laboratório de ensaios de materiais, no Instituto de Autopeças e Ferramentas Manuais, em Ludhiana.

3.4.5. SEM/EDAX

A microestrutura e a análise elementar foram estudadas no microscópio eletrónico de varrimento de emissão de campo (FEI, Quanta 200F) com o software edax genesis instalado. O equipamento podia indicar diretamente os elementos presentes num ponto, juntamente com a composição, com base no software edax incorporado. Este trabalho foi efectuado no centro de instrumentação, IIT roorkee.

3.4.6. Ensaio de tração

O ensaio de tração é um dos ensaios mecânicos mais frequentemente realizados. Este ensaio mostra a resistência da junta soldada. Os ensaios de tração foram realizados com o objetivo de avaliar as propriedades mecânicas das juntas obtidas nas diferentes condições de soldadura. Este tipo de ensaio consiste geralmente em agarrar um provete em ambas as extremidades e submetê-lo a uma carga axial crescente até à rutura. O registo dos dados de carga e alongamento durante o ensaio permite ao investigador determinar várias caraterísticas sobre o comportamento mecânico do material. Existem várias razões para a realização de ensaios de tração. Os resultados dos ensaios de tração são utilizados na seleção de materiais para aplicações de engenharia. As propriedades de tração são frequentemente incluídas nas especificações dos materiais para garantir a sua qualidade. As propriedades de tração são frequentemente medidas durante o desenvolvimento de novos materiais e processos, de modo a que diferentes materiais e processos possam ser comparados. Finalmente, as propriedades de tração são frequentemente utilizadas para prever o comportamento de um material sob outras formas de carga que não a tensão uniaxial.

A Fig. 3.5 mostra um exemplar típico de ensaio de tração. As normas são retiradas da ASTM Internationals, designação B 557M - 07. Tem extremidades alargadas ou ombros para agarrar. O comprimento do gabarito é a região sobre a qual são efectuadas as medições e está centrado na secção reduzida. As distâncias entre as extremidades da secção de medição e os ombros devem ser suficientemente grandes para que as extremidades maiores não restrinjam a deformação na secção de medição.

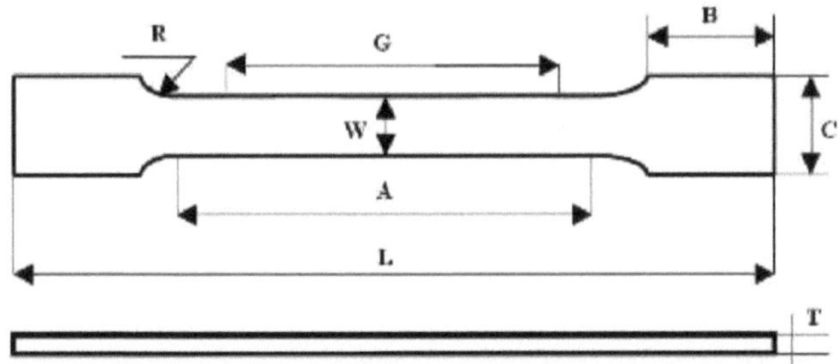

Fig. 3.5 - Tamanho padrão do provete para o ensaio de resistência à tração (Singh et al., 2010)

L= Overall Length   (100mm)

A= Length of Reduced Section   (32mm)

B= Length of Grip Section   (30mm)

C= Width of Grip   (10mm)

G= Gage Length   (25mm)

W= Width   (6mm)

R= Radius of Fillet   (6mm)

T= Thickness of Material   (6mm)

Este ensaio foi efectuado numa máquina de ensaio universal de 60 KN (marca: Heico, Nova Deli) no laboratório de resistência dos materiais do Baba Farid College Of Engineering And Technology, Bathinda.

3.4.7. XRD

Os perfis de difração de raios X das amostras foram registados utilizando um difractrómetro avançado Bruker AXSD-8 (Alemanha) com radiação CuK_a de comprimento de onda 1,54 Â. As varreduras foram efectuadas entre a gama angular de 10^0 -120^0 . Os testes foram efectuados no Centro de Instrumentação, IIT roorkee.

CAPÍTULO 4: RESULTADOS E DISCUSSÃO

A soldadura por fricção tornou-se uma ferramenta muito eficaz na resolução dos problemas de união das ligas de alumínio, particularmente no caso da indústria automóvel, onde são necessárias uma elevada ductilidade e resistência à tração. No presente trabalho, foram obtidas com sucesso diferentes soldaduras topo a topo FSW de ligas de alumínio variando os parâmetros do processo, foram observados defeitos macroscópicos negligenciáveis nas superfícies e as juntas soldadas foram caracterizadas mecânica e metalurgicamente.

4.1. Inspeção visual

Quase todas as juntas de soldadura preparadas por FSW com vários parâmetros definidos apresentam um acabamento de superfície liso, como se mostra na Fig. 4.1 (a-i), exceto um defeito visível na parte superior da junta preparada com uma velocidade de rotação de 1600 rpm e uma velocidade transversal de 132 mm/min, como se mostra na Fig. 4.1 (i). Isto pode dever-se à alta rotação e à alta velocidade transversal, uma vez que não dá tempo suficiente para uma mistura adequada do material. No final de todas as juntas, o pino da ferramenta rotativa deixa um orifício que é designado por defeito de orifício do pino. Este defeito foi encontrado em todas as soldaduras preparadas com diferentes parâmetros. Este orifício pode ser preenchido com a ajuda da soldadura TIG, tal como referido na literatura.

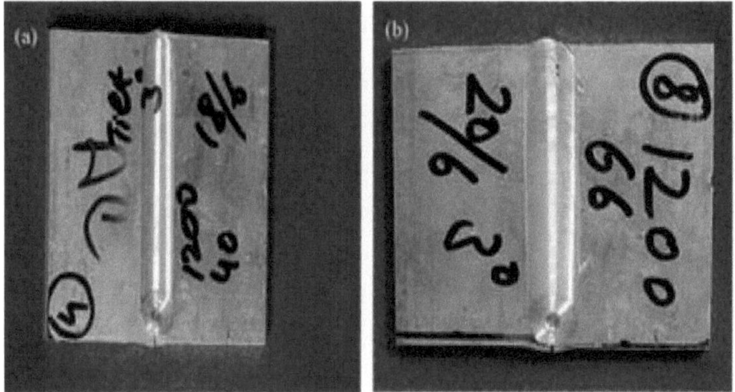

Fig. 4.1 - Macrografia de peças soldadas à velocidade de rotação da ferramenta e velocidade de deslocação de (a) 1200 rpm e 40 mm/min (b) 1200 rpm e 66 mm/min.

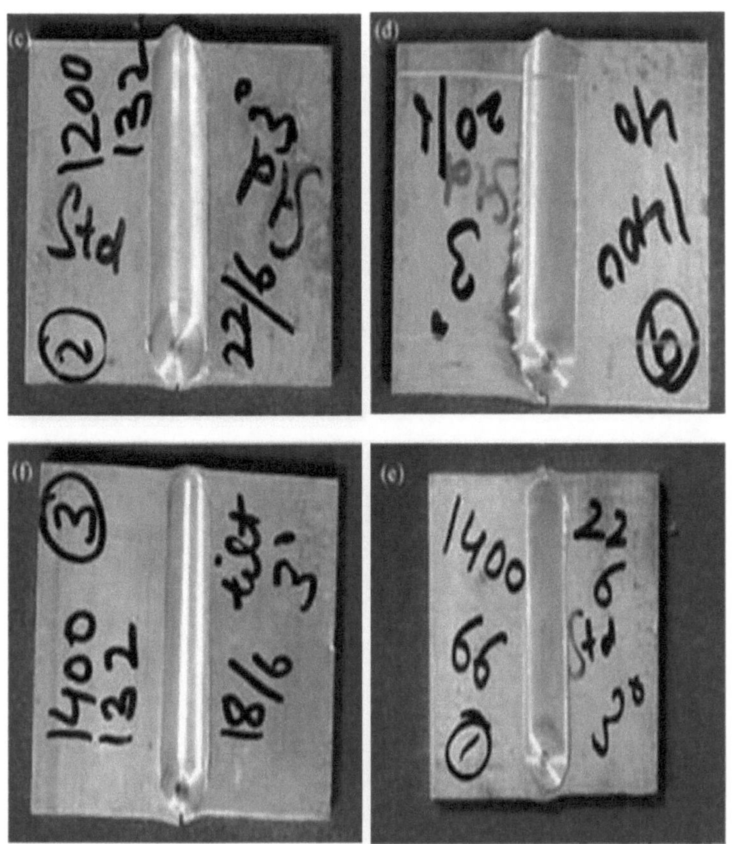

Fig. 4.1 - Macrografia de peças soldadas à velocidade de rotação da ferramenta e velocidade de deslocação de (c) 1200 rpm e 132 mm/min (d) 1400 rpm e 40 mm/min (e) 1400 rpm e 66 mm/min e (f) 1400 rpm e 132 mm/min.

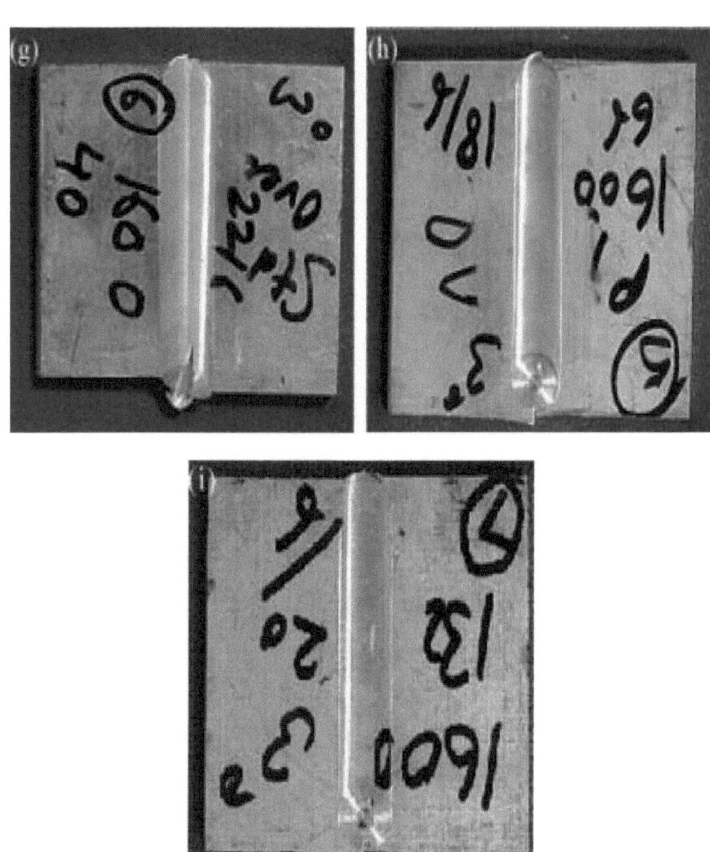

Fig. 4.1 - Macrografia de peças soldadas à velocidade de rotação da ferramenta e
velocidade de deslocação de (g) 1600 rpm e 40 mm/min (h) 1600 rpm e 66 mm/min
e (i) 1600 rpm e 132 mm/min.

4.2. Radiografia de raios X

A radiografia de raios X foi realizada em todas as amostras e observou-se que não há
porosidade e vazios presentes na zona de soldadura das amostras soldadas por fricção,
exceto um defeito de túnel encontrado na soldadura produzida a uma velocidade de
rotação da ferramenta de 1600 rpm e velocidade transversal de 132 mm/min e um defeito
de linha encontrado na soldadura produzida a uma velocidade de rotação da ferramenta
de 1200 rpm e velocidade transversal de 40 mm/min (Fig. 4.2b e 4.2a). Isto pode dever-

se ao facto de a velocidade transversal elevada não permitir que o material se misture adequadamente e de a velocidade de rotação baixa não gerar calor suficiente para o fluxo plástico do material. O fluxo de material foi efectuado ao longo do lado de avanço do pino que, quando movido a alta velocidade, não dá tempo para ressolidificar os grãos, a análise da microestrutura do mesmo também mostra grãos produzidos de forma alongada (Fig. 4.3i).

Ghosh et al. (2010) também relataram os mesmos resultados: a uma velocidade de rotação da ferramenta e a uma velocidade de deslocação elevadas, o tempo de interação entre a ferramenta e a peça de trabalho é curto, o que deteriora a qualidade da soldadura, uma vez que uma maior entrada de calor requer um maior tempo de interação entre a ferramenta e a peça de trabalho para obter uma consolidação adequada. Além disso, são gerados vazios/defeitos no interior da pepita de soldadura devido à diferença no transporte do material e no grau de consolidação.

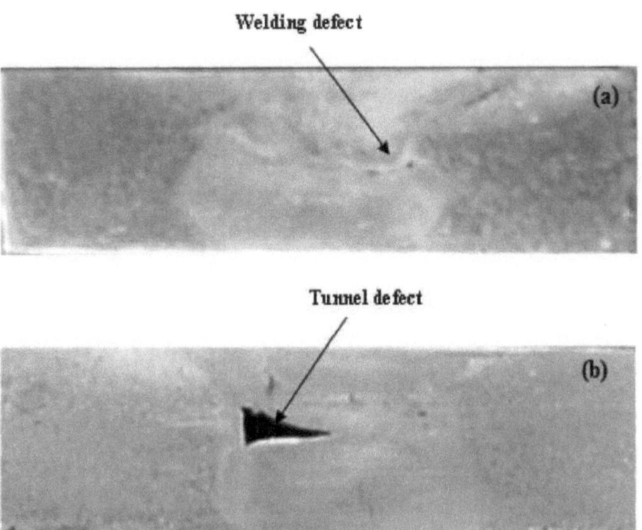

Fig. 4.2 - Defeitos em peças soldadas preparadas com velocidade de rotação da ferramenta e velocidade transversal de (a) 1200 rpm e 40 mm/min (b) 1600 rpm e 132 mm/min.

4.3.   Análise da microestrutura

O comportamento microestrutural da liga 6xxx unida por soldadura por fricção foi estudado por microscopia ótica em todas as condições dos parâmetros de soldadura escolhidos, ou seja, velocidade de rotação da ferramenta e velocidade transversal da ferramenta. A microestrutura ótica da liga de alumínio como recebida é mostrada na Fig. 4.3 (j). É claramente visível na microestrutura das soldaduras produzidas com diferentes parâmetros que a estrutura do grão é alterada durante a união das peças.

4.3.1.   Efeito da velocidade de rotação e da velocidade transversal na microestrutura

Observou-se que se formaram grãos finos e equiaxiais no processo efectuado com uma velocidade de rotação da ferramenta de 1200 rpm e uma velocidade transversal de 40 mm/min, como se mostra na Fig. 4.3(a). Isto pode dever-se ao facto de, com uma velocidade de deslocação de 40 mm/min, ter ocorrido uma ação de agitação adequada, que resultou em grãos finos equiaxiais. Com o aumento da velocidade de deslocação de 40 mm/min para 66 mm/min, o tamanho do grão aumentou, como mostra a Fig. 4.3(b), o que pode ser atribuído ao facto de uma velocidade de deslocação mais elevada da ferramenta não ter proporcionado uma ação de agitação adequada na zona do nugget ou da soldadura, o que resulta num aumento do tamanho do grão. Com o aumento da velocidade transversal, o tamanho do grão aumentou ainda mais, como mostra a Fig. 4.3 (c), o que pode ser novamente devido à falta de ação de agitação com o aumento da velocidade transversal e à falta de tempo para a recristalização dos grãos. Isto também resultou numa forma irregular dos grãos, uma vez que o tamanho dos grãos é grosseiro e os limites dos grãos podem ser claramente visualizados.

MecNelley et al. (2008) descreve-a como uma recuperação dinâmica após a conclusão da deformação durante a soldadura por fricção ou o processamento. A força de corte do ombro da ferramenta deforma plasticamente a estrutura do grão, o que também é referido por Singh e Arora (2010).

A uma velocidade de deslocação de 40 mm/min, com o aumento da velocidade de rotação de 1200 rpm para 1400 rpm, o tamanho do grão diminuiu e a microestrutura ficou mais fina, como se mostra na Fig. 4.3(d). As rpm mais elevadas da ferramenta resultam numa melhor ação de agitação e numa temperatura mais elevada, o que, por sua vez, melhora o fluxo plástico do material, resultando em grãos finos equiaxiais.

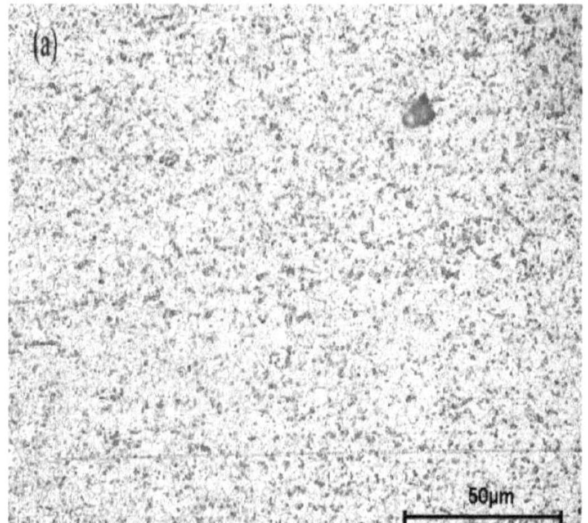

Fig . 4.3 (a)- Microestrutura do topo das soldaduras unidas à velocidade de rotação da ferramenta de 1200 rpm e velocidade de deslocação de 40 mm/min.

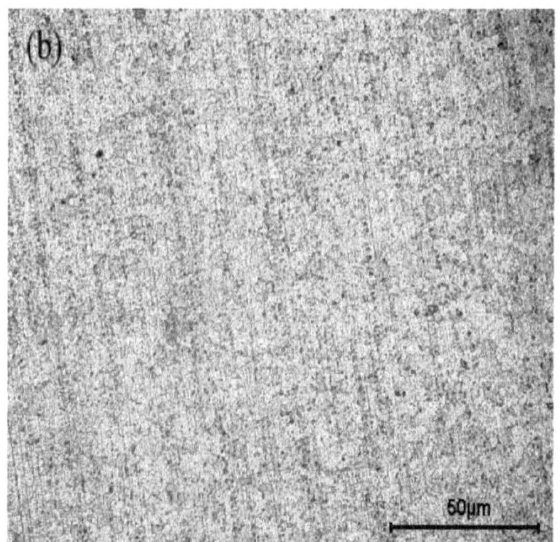

Fig . 4.3 (b)- Microestrutura do topo das soldaduras unidas à velocidade de rotação da ferramenta de 1200 rpm e velocidade de deslocação de 66 mm/min.

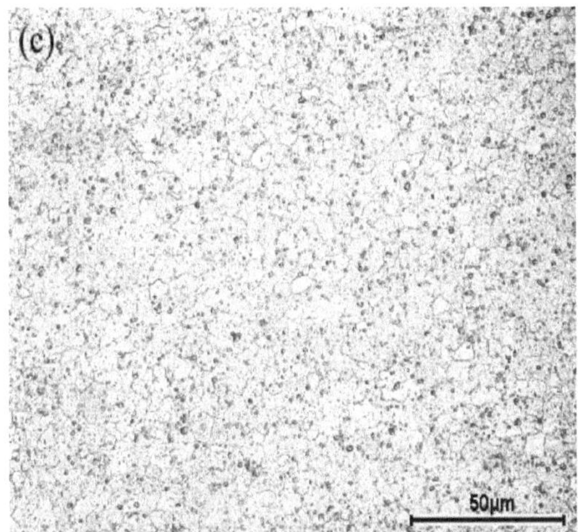

Fig . 4.3 (c)- Microestrutura do topo das soldaduras unidas à velocidade de rotação da ferramenta de 1200 rpm e velocidade de deslocação de 132 mm/min.

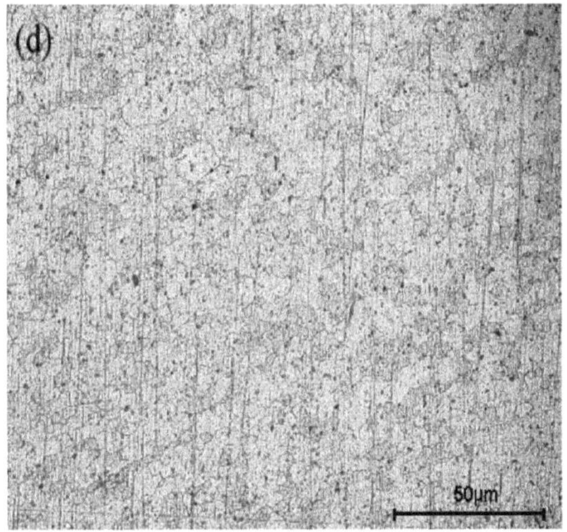

Fig . 4.3 (d)- Microestrutura do topo das soldaduras unidas à velocidade de rotação da ferramenta de 1400 rpm e velocidade de deslocação de 40 mm/min.

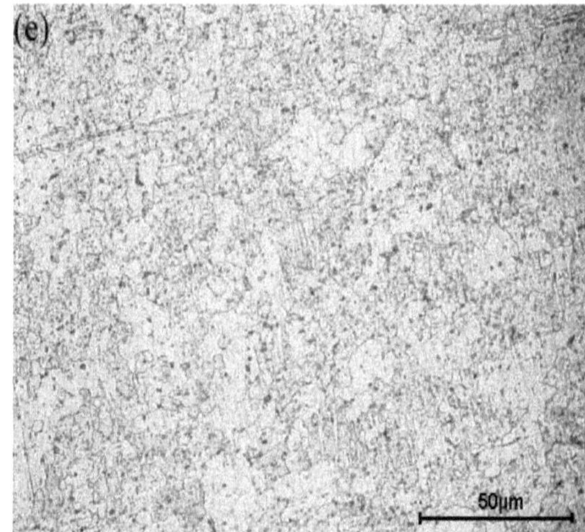

Fig . 4.3 (e)- Microestrutura do topo das soldaduras unidas à velocidade de rotação da ferramenta de 1400 rpm e velocidade de deslocação de 66 mm/min.

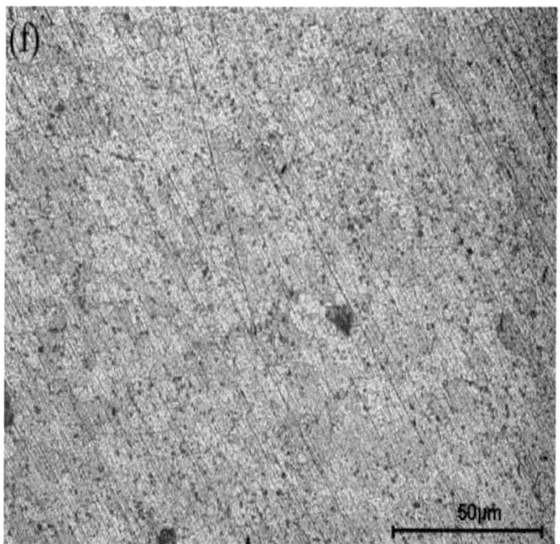

Fig . 4.3 (f)- Microestrutura do topo das soldaduras unidas à velocidade de rotação da ferramenta de 1400 rpm e velocidade de deslocação de 132 mm/min.

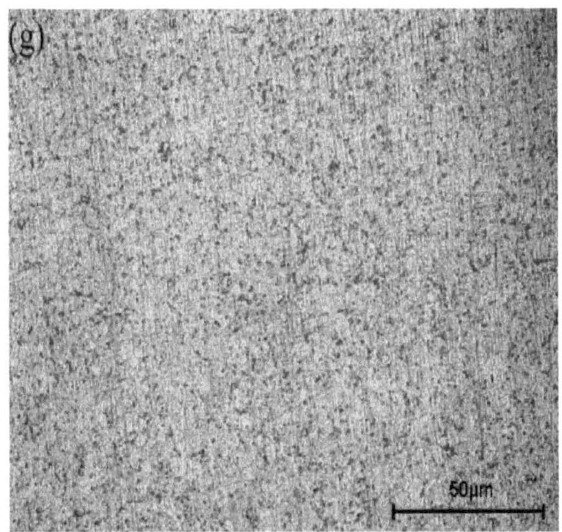

Fig . 4.3 (g)- Microestrutura do topo das soldaduras unidas à velocidade de rotação da ferramenta de 1600 rpm e velocidade de deslocação de 40 mm/min.

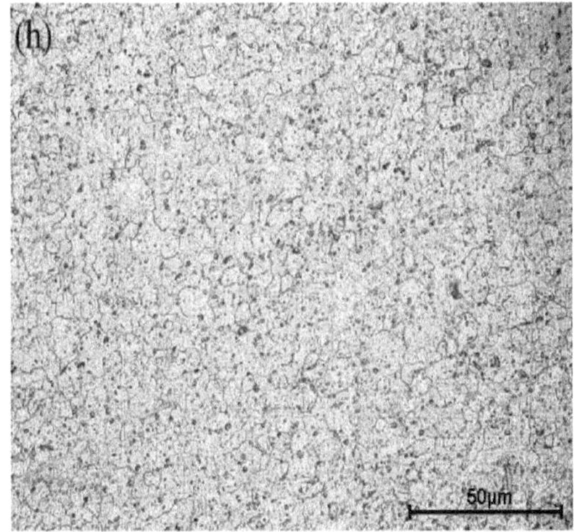

Fig . 4.3 (h)- Microestrutura do topo das soldaduras unidas à velocidade de rotação da ferramenta de 1600 rpm e velocidade de deslocação de 66 mm/min.

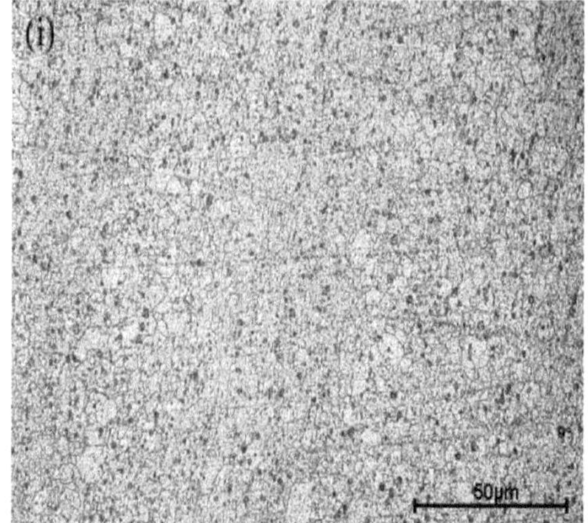

Fig . 4.3 (i)- Microestrutura do topo das soldaduras unidas à velocidade de rotação
da ferramenta de 1600 rpm e velocidade de deslocação de 132 mm/min.

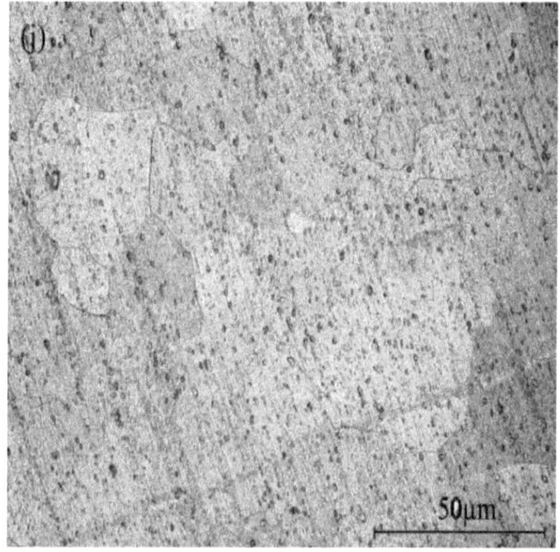

Fig . 4.3 (j)- Microestrutura a partir do topo do metal de base.

A 1400 rpm da ferramenta, com o aumento da velocidade de deslocação de 40 mm/min para 66 mm/min, a distribuição dos grãos torna-se irregular, com variação do tamanho dos grãos em diferentes locais, como se mostra na Fig. 4.3(e). Isto pode dever-se ao facto de, com uma velocidade transversal mais elevada, a agitação não ser adequada e o material não ter tido tempo para se reconsolidar, o que resultou na não uniformidade do tamanho dos grãos. Com o aumento da velocidade transversal de 66 mm/min para 132 mm/min, a ação de agitação diminui ainda mais, o que resulta em grãos grosseiros com limites claros, como mostra a Fig. 4.3(f).

A uma velocidade de rotação da ferramenta de 1600 rpm e a uma velocidade de deslocação de 40 mm/min, o tamanho do grão foi refinado em comparação com o tamanho do grão produzido a uma velocidade de rotação da ferramenta de 1200 rpm e a uma velocidade de deslocação de 40 mm/min, como se mostra na Fig. 4.3(g). Isto pode ser atribuído ao facto de, a altas rotações por minuto, ter ocorrido uma ação de agitação adequada que resultou no refinamento do grão, e também a altas rotações por minuto, o calor gerado na zona de soldadura é elevado, o que resultou num fluxo plástico adequado do material, resultando no refinamento do grão. Com o aumento da velocidade transversal de 40 para 132 mm/min à velocidade de rotação da ferramenta de 1600 rpm, os grãos tornaram-se irregulares em tamanho e forma, como se mostra na Fig. 4.3 (i), o que pode dever-se ao facto de, a uma velocidade transversal mais elevada, a agitação não poder ter lugar adequadamente e o material plástico não recristalizar corretamente, resultando numa distribuição irregular do tamanho do grão.

A observação da microestrutura a partir da secção transversal mostra que se formam quatro zonas diferentes da microestrutura, ou seja, a ZTA, a ZTAM, a zona de pepitas e o metal de base não afetado, como se mostra na Fig.4.4 (a-d). Na zona de agitação, os grãos do metal são mais pequenos do que os do metal de base. Em ambos os lados da zona de agitação, a zona claramente distinta pode ser referida como TMAZ, na qual a microestrutura é afetada devido à ação termomecânica da ferramenta FSW. Adjacente à TMAZ existe uma ZTA, que é comum em todos os processos de soldadura. Isto pode ser devido à ação térmica da FSW e a transição entre estas zonas é mostrada na Fig. 4.4(b). A diferença no tamanho do grão no material de base e na zona de agitação é claramente visível nas Fig. 4.4(a) e 4.4(b). O tamanho de grão grosseiro é visível na TMAZ, que é afetada apenas pela ação termomecânica no estado sólido (Fig. 4.4 c). No entanto, os grãos finos equiaxiais são visíveis na zona de agitação, como mostra a Fig. 4.4(d).

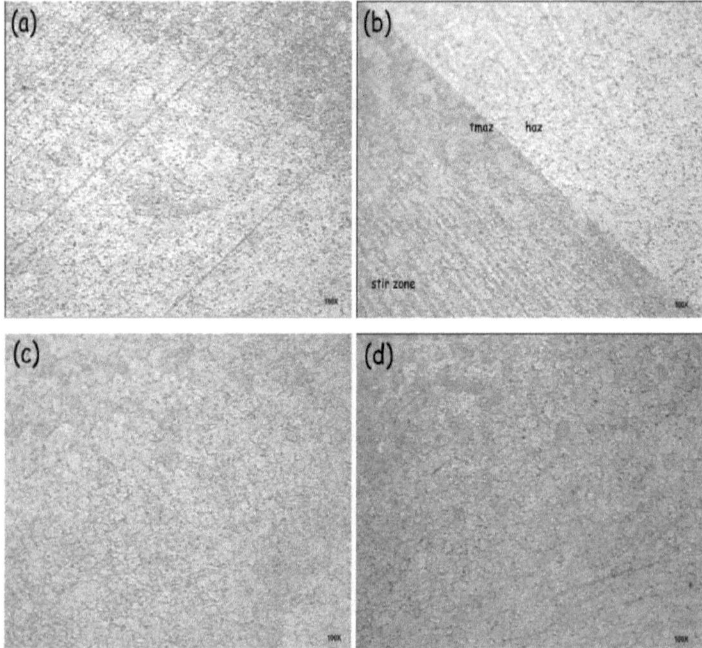

Fig. 4.4 - Microestrutura da secção transversal (a) Material de base não afetado (b) Zona de transição mostrando a zona de agitação, TMAZ e HAZ (c) TMAZ (d) Zona de agitação.

Observou-se que, com o aumento da velocidade de rotação, a temperatura aumenta na zona do nugget e ocorre uma agitação adequada, resultando numa estrutura de grão fino. Isto é consistente com o trabalho relatado por Hwang et al. (2008) de que durante velocidades de rotação mais altas as partículas sofreriam mais fragmentação. No entanto, se a velocidade de rotação for mantida constante e a velocidade transversal for variada de 40 mm/min para 66 mm/min, há uma distribuição fina dos grãos, mas com o aumento da velocidade transversal de 66 mm/min para 132 mm/min há uma estrutura de grãos irregular que pode ser devida a uma combinação incorrecta entre trabalho a quente e recuperação dinâmica e recristalização. Este facto é consistente com o trabalho relatado por P.Cavariele et al. (2008) e Ghosh et al. (2010). Além disso, foi referido que uma maior velocidade de deslocação conduz a um menor tempo de interação da ferramenta com a peça de trabalho e conduz a uma maior taxa de arrefecimento e que uma recuperação e recristalização inadequadas conduzem a um tamanho de grão irregular.

4.4. Ensaio de tração

A resistência à tração do material de base no estado temperado T6 foi de 220 Mpa e a resistência máxima à tração alcançada pela junta FSW foi de 158 Mpa a uma velocidade de rotação de 1600 rpm e uma velocidade transversal de 66 mm/min. A maior resistência à tração do metal de base deveu-se à presença de precipitados finos de Mg_2 Si (Lakshminarayanan et al., 2009). Além disso, o estado temperado T6 envelhecido artificialmente da liga de base foi perturbado durante a FSW, o que pode ser outra razão para a menor resistência à tração de todas as soldaduras feitas utilizando vários parâmetros em comparação com o metal de base (Moreira et al., 2009). Durante o ensaio de tração, todos os espécimes falharam na região da soldadura, o que indica que a região da soldadura é comparativamente mais fraca do que outras regiões e, por conseguinte, as propriedades da junta são controladas pela composição e microestrutura da região da soldadura.

Com o aumento da velocidade de rotação, a temperatura no interior da pepita torna-se mais elevada e mais uniforme. A fração volumétrica das partículas grosseiras diminui, o que pode ser responsável por uma soldadura sólida. Além disso, a uma velocidade de rotação mais elevada, os precipitados finos estavam uniformemente distribuídos no interior dos grãos e nos limites dos grãos. Esta pode ser uma das razões para a resistência à tração superior a rpm mais elevadas. Além disso, um valor mais baixo de rpm pode resultar num fluxo plástico inadequado e numa consolidação insuficiente do metal na zona de processamento por fricção, o que pode ser uma das razões para a baixa resistência à tração a baixas rpm. Com rpm mais elevadas, é produzido mais calor na zona de agitação, o que pode melhorar o fluxo plástico do material, resultando numa soldadura sólida (Fig. 4.5).

Com o aumento da velocidade transversal de 40 mm/min para 66 mm/min, a uma rotação da ferramenta de 1600 rpm, a resistência à tração melhorou, como se mostra na Fig. 4.6. Isto pode dever-se à elevada produção de calor durante as velocidades transversais baixas (40 mm/min), uma vez que a ferramenta roda num ponto durante mais tempo, formando soldaduras quentes e produzindo tensão durante a velocidade transversal baixa. Isto é consistente com os resultados relatados por Elangovan et al. (2008), segundo os quais, se o calor produzido for demasiado elevado, haverá uma zona afetada pelo calor mais ampla que, por sua vez, deteriorará as propriedades mecânicas.

Com o aumento da velocidade de deslocação de 66 mm/min para 132 mm/min à velocidade de rotação da ferramenta de 1600 rpm, a resistência à tração diminuiu, o que pode dever-se ao facto de, com o aumento da velocidade de deslocação, a ação de agitação não poder ter lugar e o fluxo plástico do material poder não ocorrer adequadamente na zona de agitação, o que resulta numa baixa resistência à tração. Além disso, o tempo de transição é baixo e não é atingida a temperatura suficiente para obter melhores propriedades mecânicas a uma velocidade transversal elevada (132 mm/min). Além disso, o tamanho e a forma do grão são irregulares e ocorre deslocação de precipitados, como se mostra na Fig. 4.3 (i). Estes resultados são consistentes com os resultados de Ghosh et al. (2010), que afirmam que, com o aumento do tempo de transição, há uma quebra acentuada das partículas originais ricas em Si, que são responsáveis pela elevada resistência da junta.

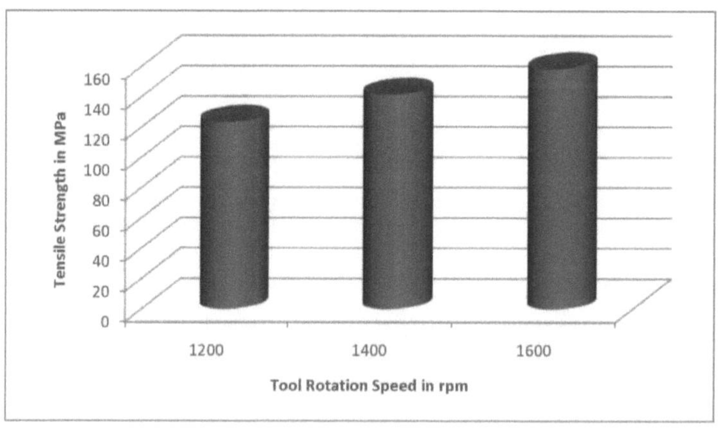

Fig . 4.6 - Comparação da resistência à tração em função da velocidade de

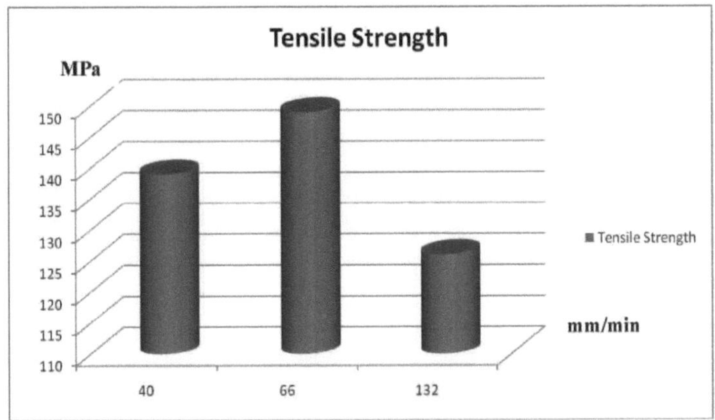

Fig. 4.5 - Comparação da resistência à tração em função da velocidade de rotação da ferramenta.

Também é consistente com Cavaliere et al. (2008) que, ao diminuir a temperatura na zona da pepita, a força que actua sobre o material não é capaz de produzir um fluxo plástico adequado a um processo de recristalização dinâmico contínuo, enquanto que, ao aumentar a temperatura do material para uma velocidade de deslocação demasiado baixa, o material fica extremamente amolecido. Sundaram e Murugan (2010) apresentaram os mesmos resultados: com o aumento da velocidade de rotação da ferramenta e da velocidade de deslocação, a resistência à tração aumenta até um valor máximo num determinado limite e, com o aumento da velocidade de deslocação, a resistência à tração diminui. O aumento da velocidade transversal desencoraja o efeito de agrupamento dos precipitados de reforço, o fluxo plástico do material e a localização da tensão.

4.5. Dureza

A dureza do topo da soldadura ao longo da linha de soldadura central foi medida a diferentes velocidades de rotação, como se mostra na Fig. 4.7. A dureza do metal de base foi observada como 74 HV. A dureza da zona de soldadura é 20-35% inferior à do metal de base.

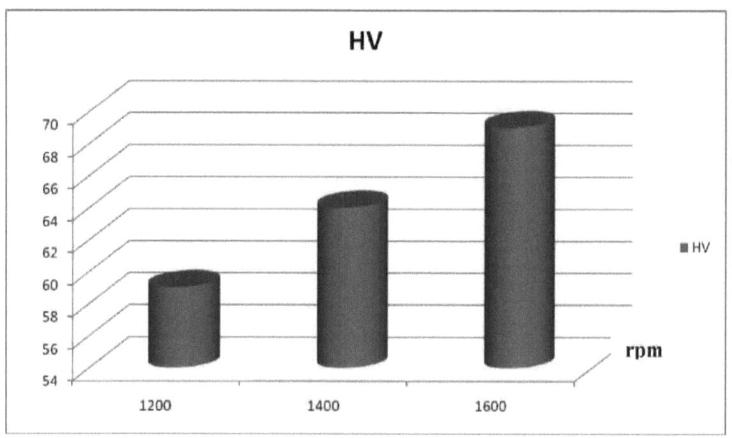

Fig. 4.7 - Comparação da dureza em função da velocidade de rotação da ferramenta

Isto pode dever-se ao amolecimento do material de soldadura a alta temperatura, uma vez que durante a soldadura por fricção pode ser atingida uma temperatura da ordem dos 300°-400° C, tal como relatado por Lakshminarayanan et al.(2009) e os precipitados de reforço que são estáveis até à temperatura de 200^0 C são dissolvidos, tal como relatado por Hwang et al.(2008). Os resultados apresentados na Fig. 4.7 revelam que, com o aumento das rpm, há um aumento da dureza. Como, com o aumento das rpm, a ação de agitação aumentou, o que resultou no refinamento do grão, o que pode ser responsável pelo valor mais elevado da dureza a rpm mais elevadas. Mas com o aumento da velocidade transversal, a dureza diminui, o que pode ser atribuído ao facto de, com o aumento da velocidade transversal, a ação de agitação diminuir e o tamanho do grão se tornar grosseiro, o que resulta na diminuição da dureza com o aumento da velocidade transversal. Observa-se que os parâmetros de soldadura amoleceram significativamente o material, reduzindo a dureza da soldadura em comparação com o metal de base.

4.5.1. Dureza da secção transversal de juntas FSW

A Fig. 4.8 mostra o perfil de dureza das juntas FSW estudadas. Observa-se que os parâmetros de soldadura amoleceram significativamente o material, reduzindo a dureza da soldadura em comparação com o metal de base.

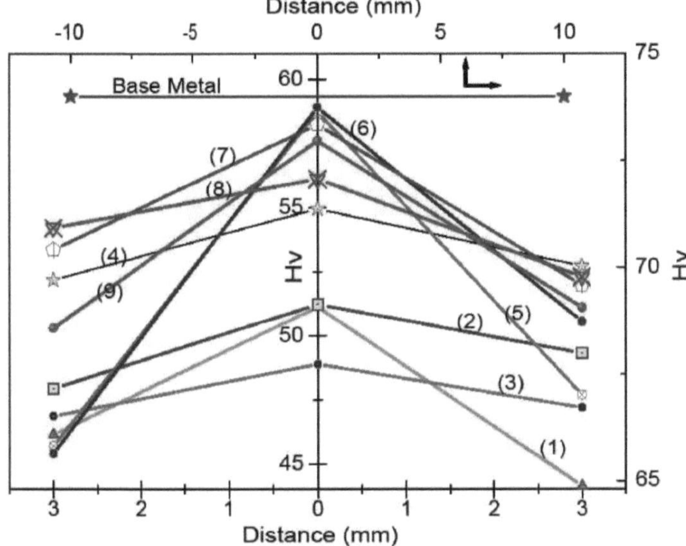

Fig. 4.8 - Dureza de várias soldaduras à velocidade de rotação da ferramenta e à velocidade de deslocação de (1) 1200 rpm e 40 mm/min (2) 1200 rpm e 66 mm/min (3) 1200 rpm e 132 mm/min (4) 1400 rpm e 40 mm/min (5) 1400 rpm e 66 mm/min (6) 1400 rpm e 132 mm/min (7) 1600 rpm e 40 mm/min (8) 1600 rpm e 66 mm/min (9) 1600 rpm e 132 mm/min.

Verificou-se que a dureza média da zona do nugget é significativamente inferior à dureza da liga de base. Existe uma zona fora do nugget, ou seja, a transição entre a TMAZ e a zona do nugget, que tem um valor de dureza inferior, o que pode dever-se à diferença entre a microestrutura das diferentes zonas. Foi observado um valor mais baixo de dureza no lado de recuo da junta. O valor mais baixo de dureza no lado de recuo é também referido por Moreira et al. (2009). Observa-se que a dureza é maior na zona de agitação do que na TMAZ devido à recristalização de uma estrutura de grão muito fino em todas as soldaduras.

4.5. Análise SEM e XRD

A microestrutura foi estudada com a ajuda do microscópio eletrónico de varrimento, como se mostra nas Figs. 4.9 e 4.10. As imagens SEM mostram que, com a ação de agitação da ferramenta, as partículas de grão grosso do metal de base são deformadas e fragmentadas em grãos finos equiaxiais (Fig. 4.10). Espera-se que a perda da condição T6 que ocorreu durante a soldadura diminua a resistência mecânica reflectida na queda da dureza da liga Al-Mg-Si. O principal precipitado de reforço é o Mg_2 Si, que é estável a uma temperatura inferior a 200^0 C. Estes precipitados existem no metal de base não afetado, mas são reduzidos na zona da pepita. O EDAX (Figs. 4.9 e 4.10) apresenta os resultados da análise dos compostos precipitados. A maior parte dos precipitados de reforço presentes no metal de base foram dissolvidos durante a FSW, pelo que se observou uma densidade muito reduzida de precipitados após a soldadura. Em comparação com as imagens SEM do metal de base e da zona de agitação, é claramente visível que a ação de agitação da ferramenta refina a estrutura do grão na zona de agitação. As imagens SEM do material de base e da zona de agitação da FSW revelam partículas pretas maioritariamente no interior dos grãos e fases cinzentas nos limites dos grãos, como se mostra nas Figs. 4.9 e 4.10. É evidente a partir dos exames de XRD (Fig. 4.11) que as caraterísticas podem ser identificadas como Al(MnSi), Mg_2 Si, AlFeSi e Al(Fe,Mn)Si presentes na matriz de alumínio.

Ao observar a microestrutura correspondente ao material de base e à zona de agitação, pode notar-se uma diferença qualitativa no grau de distribuição das inclusões escuras. A presença de Mg_2 Si (inclusões escuras) pode ser observada em toda a microestrutura tanto da zona de agitação como do material de base e a distribuição difere de grão para grão. No caso do material de base, as partículas de Mg_2Si estão distribuídas de forma mais uniforme e densa do que na zona de agitação das juntas FSW. Esta pode ser a razão para a elevada resistência à tração do material de base em relação a todas as outras juntas FSW. A intensidade dos picos de difração correspondentes às fases Mg_2 Si e AlFeSi é maior na soldadura preparada com uma velocidade de rotação da ferramenta de 1600 rpm e uma velocidade de deslocação de 66 mm/min do que nas soldaduras preparadas com outros parâmetros, como se pode ver na Fig. 4.11. Este facto pode estar relacionado com a precipitação uniforme e estável do Mg_2Si na junta soldada preparada com uma velocidade de rotação da ferramenta de 1600 rpm e uma velocidade transversal de 66 mm/min. Esta pode ser a principal razão para uma melhor resistência à tração da soldadura preparada com uma velocidade de rotação da ferramenta de 1600 rpm e uma velocidade transversal de 66 mm/min.

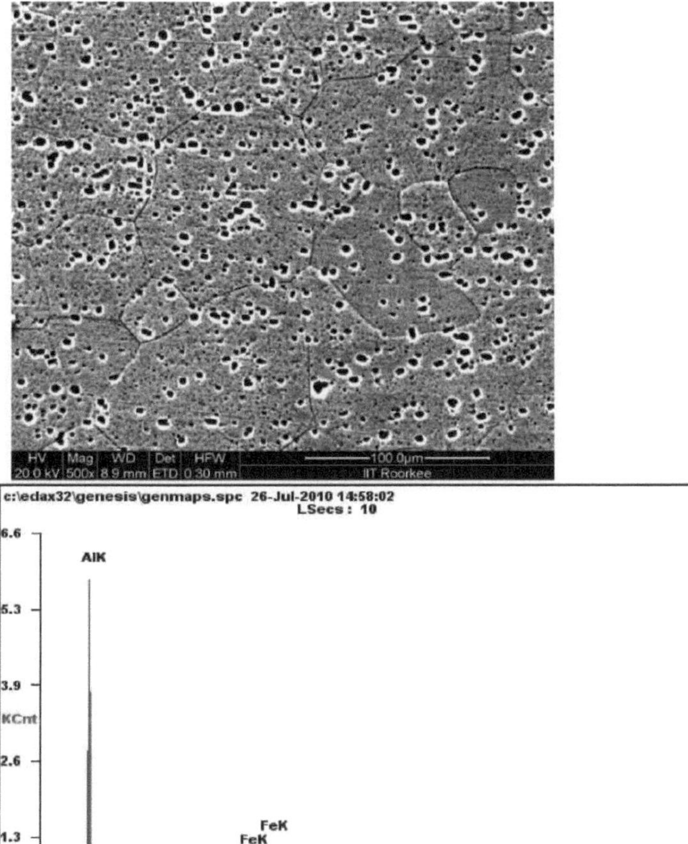

Fig. 4.9- SEM/EDAX do metal de base.

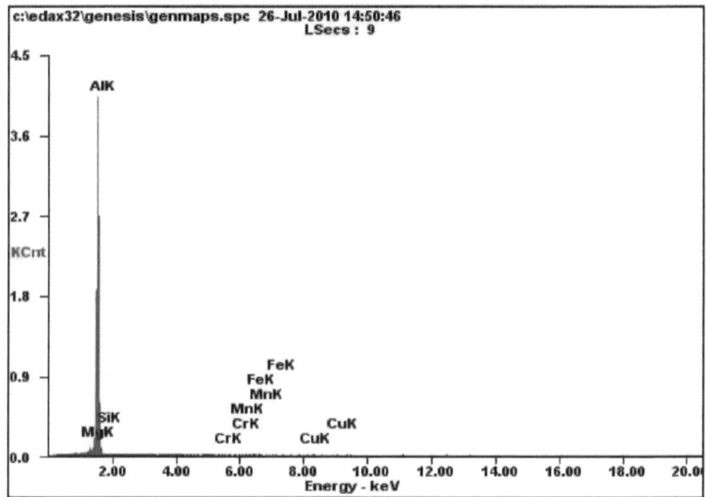

Fig. 4.10 - SEM/EDAX da zona da pepita.

Os picos correspondem a reflexões de Al, Mn, Mg, Si e Fe que confirmam a presença das fases após a soldadura. Foi notado que não foram observados picos adicionais nos exames de XRD, o que indica que não se formaram novas fases em nenhuma das juntas soldadas por fricção. No entanto, pequenos picos de difração de elementos com concentração muito baixa sobrepõem-se à reflexão de Bragg da fase Al.

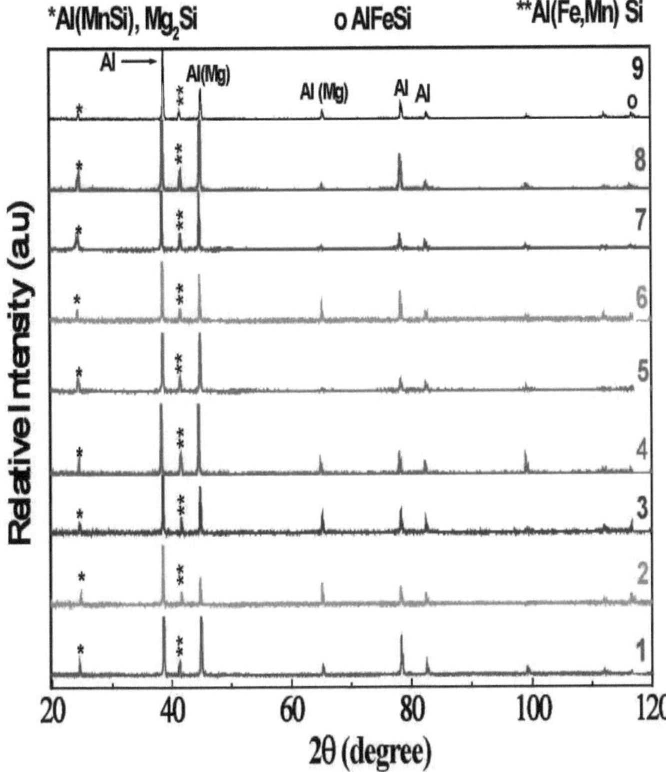

Fig. 4.11 - Varrimentos XRD da soldadura à velocidade de rotação da ferramenta e à velocidade de deslocação de (1) 1200 rpm e 40 mm/min (2) 1200 rpm e 66 mm/min (3) 1200 rpm e 132 mm/min (4) 1400 rpm e 40 mm/min (5) 1400 rpm e 66 mm/min (6) 1400 rpm e 132 mm/min (7) 1600 rpm e 40 mm/min (8) 1600 rpm e 66 mm/min (9) 1600 rpm e 132 mm/min.

CAPÍTULO 5: CONCLUSÃO E PERSPECTIVAS FUTURAS

5.1. Conclusão

Foi estudado o efeito dos parâmetros de soldadura, como a velocidade de rotação da ferramenta e a velocidade transversal, na microestrutura, na resistência à tração e na dureza da liga Al-Mg-Si (6xxx) soldada por fricção. Verificou-se que a microestrutura na zona do nugget é dominada pela velocidade de rotação da ferramenta. A soldadura a baixa velocidade transversal resulta num refinamento do tamanho do grão. Com o aumento da velocidade transversal, o tamanho do grão torna-se não uniforme, uma vez que não se verifica uma consolidação adequada do material transportado na parte de trás da ferramenta. As propriedades mecânicas, como a resistência à tração e a dureza, também dependem da evolução da microestrutura devido a vários parâmetros do processo. No entanto, verifica-se uma tendência para que, com o aumento da velocidade de deslocação, a resistência à tração aumente até um certo limite, mas com um aumento adicional a resistência à tração tende a diminuir. Assim, é necessária uma combinação adequada da velocidade de rotação da ferramenta e da velocidade de deslocação para obter a máxima resistência à tração. Observa-se uma queda de 20-35 % da dureza em comparação com o material de base. A dureza aumenta com o aumento da velocidade de rotação da ferramenta, mas diminui com o aumento da velocidade de deslocação. A análise SEM revela que, com a ação de agitação da ferramenta, os precipitados de reforço (Mg_2 Si) se fragmentaram em pequenas partículas. A densidade destes precipitados controla as propriedades mecânicas das peças, uma vez que estes precipitados de reforço são responsáveis por melhores propriedades de tração do metal de base. Além disso, a perda do estado temperado T6 do metal de base é responsável pelas baixas propriedades mecânicas das juntas FSW preparadas com diferentes parâmetros. Os exames de XRD confirmaram ainda a presença de precipitados e as diferentes intensidades dos picos e ângulos de difração mostram a variação da densidade dos precipitados de reforço.

5.2. Âmbito futuro

A soldadura eficiente de materiais dissimilares é um domínio de investigação difícil, uma vez que a soldadura de materiais dissimilares causa muitos problemas, como a eficiência da junta, defeitos de soldadura e custos de soldadura. A investigação contínua neste domínio pode eliminar este tipo de problemas. Atualmente, as ligas avançadas de magnésio e titânio estão a substituir outras ligas devido à sua força e resistência à corrosão. Assim, a soldadura de alumínio a estas ligas avançadas é de grande importância. Além disso, é necessário encontrar os parâmetros de soldadura ideais para soldar estas ligas dissimilares.

CAPÍTULO 6: REFERÊNCIAS

1. Adamowski J., M. Szkodo, 2007. Friction Stir Welds (FSW) da liga de alumínio AW6082-T6. Journal of Achievements in Materials and Manufacturing Engineering. 20, 403-406.

2. Barcellona, A., Bufffa, G., Fratini, L., Palmeri, D., 2006. Sobre os fenómenos microestruturais que ocorrem na soldadura por fricção de ligas de alumínio. Journal of Materials Processing Technology. 177, 340-333.

3. Barnes T.A., Pashby I.R., 2000. Técnicas de união para estruturas espaciais de alumínio utilizadas em automóveis. Journal of Materials Processing Technology. 99, 62-71.

4. Benyounis, K.Y., Olabi, A.G., 2008. Otimização de diferentes processos de soldadura utilizando abordagens estatísticas e numéricas - Um guia de referência. Advances in Engineering Software. 39, 483-496.

5. Cavaliere, P., Panella, F., 2008. Effect of tool position on the fatigue properties of dissimilar 2024-7075 sheets joined by friction stir welding. Journal of Materials Processing Technology. 206, 249-255.

6. Cavalierea, P., Squillaceb A., Panellaa, F., 2008. Efeito dos parâmetros de soldadura nas propriedades mecânicas e microestruturais das juntas AA6082 produzidas por soldadura por fricção. Journal of Materials Processing Technology. 200, 364-372.

7. Colegrove, P. A., Shercliff, H. R., 2005. Modelação CFD tridimensional do fluxo em torno de um perfil de ferramenta de soldadura por fricção roscada. Journal of Materials Processing Technology. 169, 320-327.

8. Elangovan, K., Balasubramanian, V., 2008A. Influências do perfil do pino da ferramenta e do diâmetro do ombro da ferramenta na formação da zona de processamento por fricção na liga de alumínio AA6061. Materials and Design. 29, 362-373.

9. Elangovan, K., Balasubramanian V., 2008B. Influências do tratamento térmico pós-soldagem nas propriedades de tração de juntas de liga de alumínio AA6061 soldadas por fricção. Materials Characterisation. 59, 1168-1177.

10. Ghosh, M., Kumar, K., Kailas, S.V., Ray, A.K., 2010. Otimização dos parâmetros de soldadura por fricção para ligas de alumínio dissimilares. Materials and Design. 31,

30333037.

11. Jain, R. K., 1999. Production Technology. Khanna Publishers.15, 43-45.

12. Jayaraman, M., Sivasubramanian, R., Balasubramanian, V., Lakshminarayanan A. K., 2009. Otimização dos parâmetros do processo de soldadura por fricção da liga de alumínio fundido A319 pelo método Taguchi. Jornal de Investigação Científica e Industrial. 68, 3643.

13. Kumar, K., Kailas, S. V., 2008. Sobre o papel da carga axial e o efeito da posição da interface na resistência à tração de uma liga de alumínio soldada por fricção. Materials and Design. 29, 791-797.

14. Lakshminarayanan, A.K., Balasubramanian, V., Elangovan, K., 2009. Effect of welding processes on tensile properties of AA6061 aluminium alloy joints (Efeito dos processos de soldadura nas propriedades de tração das juntas de liga de alumínio AA6061). International Journal of Advance Manufacturing and Technology. 40, 286-296.

15. McNelley, T. R., Swaminathan, S., Su, J.Q., 2008. Mecanismos de recristalização durante a soldadura por fricção/processamento de ligas de alumínio. ScriptaMaterialia. 58, 349-354.

16. Ema , M., Sasabe, S., 2004. Resistência da junta de ligas Al-Mg-Si para automóveis através de tecnologias de soldadura avançadas. WeldingInternational. 18(1), 11-15.

17. Miller, W.S.,Zhuang, L., Botttema J., Wirtebrood , A. J., De Smet, P., Haszler, A.,Viereggge, A., 2000. Recent deveplement in aluminium alloys for the automotive industry (Desenvolvimento recente de ligas de alumínio para a indústria automóvel). Ciência e Engenharia dos Materiais. 280, 37-48.

18. Moreira P.M.G.P., T. Santos , S.M.O. Tavares, V. Richter-Trummer, P. Vilaça, P.M.S.T., de Castro.,(2009), Mechanical and metallurgical characterization of friction stir welding joints of AA6061-T6 with AA6082-T6. Materiais e Design. 30, 180187.

19. Nowotnik, M. G., Sieniawski, J., Wierzbinska M., 2007. Análise de partículas intermetálicas na liga de alumínio AlSi1MgMn. Journal of Achievements in Materials and Manufacturing Engineering. 20, 155-158.

20. Padmanaban, G., Balasubramanian,V., 2009.Seleção do perfil do pino da ferramenta

FSW, diâmetro do ombro e material para unir a liga de magnésio AZ31B - Uma abordagem experimental, Materials and Design. 30, 2647-2656.

21. Rodrigues, D.M., Loureiro, A., Leitao, C., Leal, R.M., Chaparro, B.M., Vilaça,P., 2009. Influência dos parâmetros de soldadura por fricção na microestrutura e na propriedades mecânicas das soldaduras finas AA 6016-T4, Materials and Design. 30, 1913- 1921.

22. Scialpi, A., Giorgi, M. De., De Filippis, L.A.C., Nobile, R., Panella, F.W., 2008. Análise mecânica de chapas ultra-finas unidas por soldadura por fricção com materiais diferentes e semelhantes. Materiais e Design. 29, 928-936.

23. Sundaram, N. S., Murugan. N., 2010. Comportamento à tração de juntas soldadas por fricção e agitação dissimilares de ligas de alumínio. Materials and Design. 31, 4183-4193.

24. Singh, H., Arora H.S., 2010. Friction stir welding- technology and future potential (Soldadura por fricção - tecnologia e potencial futuro). Conferência Nacional sobre Avanços e Tendências Futuristas em Engenharia Mecânica e de Materiais, Talwandi sabo, Punjab, ÍNDIA, 19-20 de fevereiro.

25. Singh, G., Singh, K., Jaiswal, D., Modelação matemática dos parâmetros do processo de soldadura por fricção de ligas de alumínio. Conferência Nacional sobre Avanços e Tendências Futuristas em Engenharia Mecânica e de Materiais, Talwandi sabo, Punjab, ÍNDIA, 19-20 de fevereiro.

26. Hwang,Y. M., Kang, Z.W., Chiou,Y. C., Hsu,H.H.,2008. Estudo experimental da distribuição de temperatura na peça de trabalho durante a soldadura por fricção de ligas de alumínio. International Journal of Machine Tools and Manufacture. 48, 778787.

27. Zander, J., Sandstrom, R., 2009. Modelação das propriedades tecnológicas de ligas de alumínio forjado comerciais. Materiais e Design. 3752-3759.

Printed by Books on Demand GmbH, Norderstedt / Germany